超低碳烘烤硬化钢
烘烤硬化性能的稳定控制

崔岩 马劲红 姬爱民 张荣华 著

U0322525

北京

冶金工业出版社

2014

内 容 简 介

本书全面、系统地介绍了化学成分和冶金生产工艺对超低碳烘烤硬化钢（简称 ULC-BH 钢）钢板组织和烘烤硬化性能的影响规律，剖析了这些影响规律之间的联系及形成机理，为生产高品质、高合格率的工业产品提供了工艺和理论依据。全书以生产工艺为参考分析材料的组织结构和性能的动态变化及其联系，力求结合实际工业化生产条件，对于不同成分体系的超低碳烘烤硬化钢的理论研究、产品开发和工艺优化具有一定的参考价值。

本书可供钢铁材料研究、生产单位的专业技术人员及高等院校相关专业师生阅读。

图书在版编目（CIP）数据

超低碳烘烤硬化钢烘烤硬化性能的稳定控制/崔岩等著.
—北京：冶金工业出版社，2014.8
ISBN 978-7-5024-6682-4

Ⅰ.①超… Ⅱ.①崔… Ⅲ.①低碳钢—沉淀硬化钢—硬化—稳定性—研究 Ⅳ.①TG142

中国版本图书馆 CIP 数据核字（2014）第 177326 号

出 版 人　谭学余
地　　　址　北京市东城区嵩祝院北巷 39 号　邮编　100009　电话　(010)64027926
网　　　址　www. cnmip. com. cn　电子信箱　yjcbs@ cnmip. com. cn
责任编辑　常国平　美术编辑　杨　帆　版式设计　孙跃红
责任校对　郑　娟　责任印制　李玉山
ISBN 978-7-5024-6682-4
冶金工业出版社出版发行；各地新华书店经销；三河市双峰印刷装订有限公司印刷
2014 年 8 月第 1 版，2014 年 8 月第 1 次印刷
148mm×210mm；5. 125 印张；150 千字；150 页
28. 00 元

冶金工业出版社　投稿电话　(010)64027932　投稿信箱　tougao@cnmip. com. cn
冶金工业出版社营销中心　电话　(010)64044283　传真　(010)64027893
冶金书店　地址　北京市东四西大街 46 号(100010)　电话　(010)65289081(兼传真)
冶金工业出版社天猫旗舰店　yjgy. tmall. com
（本书如有印装质量问题，本社营销中心负责退换）

前　言

继国务院 2009 年 1 月中旬《汽车行业调整振兴规划》的出台和逐步实施，我国汽车工业呈现出超速发展的良好态势。到 2013 年年底，我国汽车保有量达到 1.37 亿辆，未来还会继续大幅增加。汽车是能源消耗大户，约占燃油消耗的 60%，而我国在 2013 年消耗的石油量的 58.1% 依赖于进口，由此可见，汽车消耗对能源安全有重要影响。近年来，地球温室效应日益加剧，世界各国都在积极研究节能减排的相关举措。车辆交通是我国温室气体排放和雾霾的主要来源，汽车作为车辆交通的承载者，它的节能、减排、安全性能等方面日益受到普遍的关注。尤其对汽车车身部件的要求，呈现两大趋势：一是为提高撞击安全性而要求高强度化；二是为降低汽油消耗而要求轻量化。基于此，各大汽车生产商逐渐应用强度越来越高的汽车钢板。有报道认为[1]，汽车车身重量每降低 1%，可节省燃油 0.6%~1.0%。另外，材料抗拉强度从约 300MPa 增加到约 900MPa，汽车车身减重率可从约 25% 提高至约 40%[2]。通常，汽车外板及车身其他部件约占整车车重的 1/2，加上底盘约占整车车重 3/4[3]。汽车车身主要用料为薄钢板，对车重有重要影响。微型车和轿车主要面板用料均为薄钢板，载重汽车消耗约占总消耗量 40% 的薄钢板。使用高强度汽车薄板可保证在减薄降重的基础上不损害抗凹陷性能，甚至提高汽车的耐久程度、大变形冲击强度和安全性。同样，使用超深冲性的汽车薄钢板可以用于制造复杂的冲压件，在不增加整车车重的基础上，使车型外形美观，车身内空间设计优化。

进入 21 世纪以后，以无间隙原子钢（简称 IF 钢）为代表的超低碳钢（简称 ULC 钢）在汽车面板业得到了广泛应用。其中超低碳烘烤硬化钢（简称 ULC-BH 钢）由于具有优异的成型性、高强度和高抗凹陷性能相结合的综合性能而备受汽车工业的青睐，但由于该钢种生产工艺复杂、成分控制精度要求较高，在我国许多钢厂生产时存在产品合格率偏低、烘烤硬化性能不稳定、抗自然时效性能较差等缺点，曾大量依赖进口。为了克服这些问题，作者及所在课题组开展了该领域的研究工作。作为主要研究人员，作者参与了高强度 IF 钢、超低碳烘烤硬化钢的研究课题，其中对超低碳烘烤硬化钢进行了全面综合的试验研究工作。本书就是依据作者多年对 ULC-BH 钢板的试验研究成果和体会而撰写的。它全面、系统地介绍了化学成分和冶金生产工艺对 ULC-BH 钢板的组织和烘烤硬化性能的影响规律，系统剖析了这些影响规律之间的联系及形成机理，为优化工艺以生产高品质、高合格率的工业产品提供工艺和理论依据。

全书分为 6 章。第 1 章概括介绍了 ULC-BH 钢板的发展历程，重点介绍了 ULC-BH 钢板的性能、用途、发展和烘烤硬化机理等。本章由崔岩、张荣华撰写。第 2 章主要介绍了 ULC-BH 钢板的冶金成分控制，探讨了不同微合金元素对奥氏体和铁素体相区固溶碳含量的影响。本章由崔岩、姬爱民撰写。第 3 章主要论述了化学成分、热轧、连续退火和平整工艺等对 ULC-BH 钢板烘烤硬化性能的影响。本章由崔岩撰写。第 4 章主要论述了不同钛/氮原子比的铌钛复合 ULC-BH 钢板第二相的固溶析出行为，分析了 Ti 元素的成分波动对固溶碳含量的影响。本章由崔岩撰写。第5章进一步论述了连续退火工艺过程中碳原子的固溶析出行为和晶界偏聚行为，并探讨了连续退火工艺参数波动对有效固溶碳（影响烘烤硬化性能）含量的影响。本章由崔岩撰写。第6章主要论述了影响碳原子晶界偏聚行为的晶粒尺寸的影响因素，为工业化生产过程中通过控制成分和工艺参数稳定化控制碳原子的晶界偏聚提供参考。本章由崔岩、马劲红撰写。

本书在写作过程中得到了雍岐龙教授和王瑞珍教授的悉心指导和帮助，也得到了河北联合大学李运刚教授和冯运丽教授的大力支持，在此表示衷心的感谢。

由于作者水平所限，书中不当之处，敬请广大读者批评指正！

作 者
2014 年 5 月
于河北联合大学

目　录

常 用 符 号

α_0 —— 点阵常数

A —— 断后伸长率

A_e —— 屈服点伸长率

A_g —— 最大力非比例伸长率

A_{gt} —— 最大力总伸长率

A_1 —— 平衡状态下奥氏体向铁素体转变完成温度，℃

A_3 —— 平衡状态下奥氏体向铁素体开始转变温度，℃

A_{c_1} —— 升温时奥氏体向铁素体转变完成温度，℃

A_{c_3} —— 升温时奥氏体向铁素体开始转变温度，℃

A_{r_1} —— 冷却时奥氏体向铁素体转变完成温度，℃

A_{r_3} —— 冷却时奥氏体向铁素体开始转变温度，℃

BH_0 —— 烘烤硬化值（无预应变），MPa

BH_2 —— 烘烤硬化值（2% 预应变），MPa

c_g —— 溶质原子在晶界内的偏聚浓度

c_0 —— 基体内溶质原子的平衡固溶浓度

D —— 晶粒的等效直径，μm

$D_{C-\alpha}$ —— 溶质元素 C 在铁素体基体中的扩散系数

ΔG_1 —— 偏聚自由能，kJ/mol

h —— 晶界偏聚层厚度

n —— 应变强化指数

n_0、n_{45}、n_{90} —— 0、45、90 表示拉伸试样的取向与轧向之间的夹角

$\bar{n}$ —— 应变强化指数在不同方向的平均值

Δn —— 应变强化指数平面各相异系数

r —— 塑性应变比

r_0、r_{45}、r_{90} —— 0、45、90 表示拉伸试样的取向与轧向之间的夹角

$\bar{r}$ —— 塑性应变比在不同方向的平均值

Δr —— 塑性应变比平面各相异系数

R_{eL} —— 下屈服强度，MPa

$R_{p0.2}$ —— 屈服强度（无明显屈服点），MPa

R_m —— 抗拉强度，MPa

t —— 时间，s

T —— 温度，℃ 或 K

$w(C)_{unstable}$ —— 未稳定化 C 元素质量分数，%

$wt(M)$ —— M 元素的质量分数，%

x —— 扩散距离，m

1 绪 论

1.1 汽车用薄钢板的发展

汽车薄钢板在制作汽车零件时几乎都需要冲压成型，而冲压成型能否成功取决于成型性能。成型性能不仅取决于薄钢板自身的基本性能，而且与冲压成型过程变量和设计变量有关。其中，前者是汽车薄钢板自身组织结构和形状大小的表现，与冶金生产工艺密切相关；后者是外界成型环境影响的表现，与汽车厂的冲压工艺密切相关。通常，汽车薄钢板具有一定的成型裕度，可适应一定的外界因素变化，增加成型裕度比调整冲压工艺能够更有效地提高冲压成型合格率。因此，汽车薄钢板具有优异的冲压成型性能即高的 $\bar{r}$ 值和 $\bar{n}$ 值成为生产所追求的主要目标。正是通过不断改善这一性能，促进了它的发展。

实际上，汽车薄钢板的冲压成型性能特别是深冲性能与其有利织构（即 $\langle 111 \rangle$ 晶向平行于板面法向的 $\{111\}$ 织构，又称 γ 纤维织构）的强弱紧密相关。钢板中有利织构越强，即它与不利织构（即 $\langle 100 \rangle$ 晶向平行于板面法向的 $\{100\}$ 织构）的强度比 $I_{\langle 111 \rangle}/I_{\{100\}}$ 越大，则塑性应变比 $\bar{r}$ 的数值越高，深冲性能越好。因此，开发新的汽车薄钢板的动力之一从宏观上表现为追求更优异的深冲性能即更高的 $\bar{r}$ 值，实质上是为了获得具有更强烈发展的有利织构（即 $\{111\}$ 织构）的微观组织。纵观汽车薄钢板的发展历史，它经历了从普通冲压钢板到深冲钢板、从深冲钢板到超深冲钢板三代产品的更新换代。

以普通沸腾钢为代表的第一代产品是普通冲压钢板。它具有较弱的 $\{111\}$ 织构和几乎与之强度相当的其他织构，$\bar{r}$ 值不高，仅为 $1.0 \sim 1.2$，深冲性能差，但较各向同性无择优取向的正火钢的深冲性能好，沸腾钢中含有较多的固溶 O 和 N，具有明显的应变时效性。

以铝镇静钢为代表的第二代产品是深冲钢板。通过向低碳钢中加

Al 进行脱氧且通过热轧卷取温度控制和退火工艺控制 AlN 的析出，进而控制晶粒形状（在低温卷取和罩式炉退火后获得饼形晶粒组织），获得较强烈的 {111} 退火织构，深冲性能良好，$\bar{r}$ 值为 1.4 ~ 1.8。同时，由于 N 被固定成 AlN，在罩式退火或连续退火以及随后过时效处理中，绝大部分间隙固溶碳原子析出成为 Fe_3C。所以，经平整后性能稳定。迄今，汽车工业所使用的各种系列的冲压钢板都是由铝镇静钢衍生和发展的。

以超低碳无间隙原子钢（IF 钢）为代表的第三代产品是超深冲钢板。这是 20 世纪 80 年代以来所开发的以超低碳为基本成分，IF 钢为主要代表的新一代汽车薄钢板系列产品。它具有极强烈的 {111} 织构、纯净的钢质以及较粗大的铁素体晶粒，从而获得超深冲性，$\bar{r}$ 值可达 1.6 ~ 2.8。目前，世界各国都在竞相研制和生产由 IF 钢所繁衍的超低碳系列产品的汽车薄钢板。

表 1-1 为三代汽车薄钢板典型产品的性能比较。

表 1-1   三代汽车薄钢板典型产品的性能比较

类 型	σ_s/MPa	σ_b/MPa	δ/%	$\bar{r}$	$\bar{n}$
沸腾钢	180 ~ 190	290 ~ 310	44 ~ 48	1.0 ~ 1.2	约 0.22
铝镇静钢	160 ~ 180	290 ~ 300	44 ~ 50	1.4 ~ 1.8	约 0.22
IF 钢	100 ~ 150	250 ~ 300	45 ~ 55	1.6 ~ 2.8	0.23 ~ 0.28

20 世纪 80 年代以来，随着能源危机和环境保护问题的提出以及日趋激烈的市场竞争，世界汽车工业朝着轻量化、低污染、经济型的趋势发展，尤其是轿车性能更加追求高速、安全、节能、舒适、美观、耐用等。各种新型的具有优异成型性能、高强度、耐腐蚀、耐磨、减振、抗凹陷和冲击等特殊使用功能的汽车薄钢板相继开发，除了具有超深冲性的 IF 钢的开发之外，用于减重、节能和提高安全性的各种高强度钢板，提高抗凹陷性能的烘烤硬化钢板，增强耐腐蚀性能的各种新型镀层钢板，防止噪声和振动的复合减振板，使轿车外观更加美观的高亮度镜面板等都成为研制的热点；特别是一些具有综合性能的汽车薄钢板如超低碳高强度烘烤硬化钢板、超深冲高强度钢板、超深冲高强度热镀锌钢板等品种的开发同样引人瞩目。薄钢板的

研制与开发已由过去传统的单纯追求提高冲压成型性能而转向探寻使冲压成型性、强度、表面质量（粗糙度和抗凹陷性）、隔音性、耐蚀性等性能达到最佳的组合。这种性能综合的发展趋势，造就了今天汽车薄钢板生产品种的系列化。

目前，汽车薄板市场的主流产品有铝镇静钢板、无间隙原子钢、高强度含 P 无间隙原子钢、超低碳烘烤硬化钢等。普通铝镇静钢板可用于一些简单的冲压件，但现代汽车工业对汽车面板深冲性能的更高要求，需要应用冲压成型性能更高的无间隙原子（IF）钢、超低碳烘烤硬化（ULC-BH）钢板。目前由于技术、设备和生产管理等存在问题，我国钢铁企业的一些高附加值薄板的产能不足，市场供需矛盾十分突出，需要从国外大量进口。为打破国内市场对进口汽车钢板的依赖，以宝钢、鞍钢、武钢、马钢等为代表的钢铁企业正在加大力度生产和研发汽车用含 P 高强度无间隙原子（IF）钢板、超低碳烘烤硬化钢板[4,5]等。

图 1-1 所示为目前投产或研发的各类汽车用钢的屈服强度和总伸

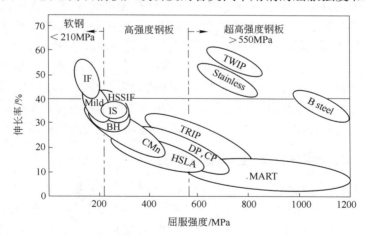

图 1-1 不同类型汽车用钢的屈服强度和总伸长率的关系

IF—无间隙原子钢；Mild—低碳铝镇静钢；HSSIF—高强度 IF 钢；BH—烘烤硬化钢；
IS—各向同性钢；CMn—碳锰钢；HSLA—高强度低合金钢；DP—双相钢；
CP—复相钢；TRIP—相变诱发塑性钢；MART—马氏体钢；TWIP—孪晶
诱发塑性钢；Stainless—不锈钢；B steel—热冲压用钢

长率的关系[5]，可见大部分钢伸长率随屈服强度的升高而下降。

由于软 IF 钢中间隙原子 C、N 固溶含量几乎消失为零，没有屈服点延伸现象，因此间隙原子对伸长率和 r 值的损害降到最低，满足冲压成型的要求，但由于较低的屈服强度和较差的抗凹陷性能，使其难以达到减薄降重的目的。

应用较多的高强度无间隙原子（HSSIF）钢，主要通过在无间隙原子钢中添加 P、Mn、Si 等固溶强化元素来提高强度，因此其兼具高强度和深冲性能，可以加工成复杂形状的零件并提高汽车的抗凹陷性、减轻汽车重量，符合汽车安全、减重、节能环保的要求。但是含 P 固溶强化高强钢，其抗拉强度可以达到 440MPa 级别，虽可满足一部分汽车面板零件的冲压成型要求，但由于 P 原子的晶界偏聚现象易产生二次冷加工脆性使其难以满足复杂形状冲压件的生产要求。

超低碳烘烤硬化（ULC-BH）钢板具有传统软 IF 钢优异的冲压成型要求，经烘烤处理以后具有高强度钢较好的抗凹陷性能。钢板冲压成汽车外板零件后位错密度提高，在 $150 \sim 200℃$ 烤漆处理过程中，基体内的自由碳原子迅速扩散并偏聚到高密度位错处钉扎位错形成 Cottrell 气团，屈服强度增加 $30 \sim 50MPa$。应用超低碳烘烤硬化钢板作为汽车面板材料，可以在不牺牲冲压成型性能和抗凹陷性能的基础上使汽车板比普通 IF 钢减薄 $20\% \sim 30\%$，同时可以避免高强度无间隙原子钢中 P 原子的晶界偏聚对韧性的损害，是相对较理想的汽车面板材料。但超低碳烘烤硬化钢板在国内生产中存在着许多问题，特别是产品合格率低、烘烤硬化性能不稳定是最为突出的问题。

1.2　超低碳烘烤硬化钢板的性能

超低碳烘烤硬化（ULC-BH）钢板的性能分为基本性能和使用性能两部分。基本性能是指未经深加工的汽车薄钢板所表现的材料性能，主要包括强度、塑性和韧性，一般通过单向拉伸试验所得到的性能指标加以评定。使用性能是指在深加工过程中或者深加工完成后汽车薄钢板所表现的不同于其基本性能的材料性能，主要包括冲压成型性能、抗凹陷性能、抗冲击性能、焊接性能和镀锌附着性能等，往往由专门的试验进行测定。基本性能和使用性能之间存在密切的联系。

1.2.1 基本性能

ULC-BH 钢板的基本性能有：

（1）屈服强度（可表示为 σ_s、YS、R_{eL} 或 $R_{p0.2}$）：单向拉伸试验中，薄钢板首先表现出可测的永久塑性变形时的工程应力。对于具有不连续屈服现象即出现屈服点的材料，一般取最小下屈服点所对应的应力作为屈服强度（R_{eL}）；对于连续屈服即无明显屈服点的材料，通常用 0.2% 永久伸长变形时所对应的应力作为屈服强度（$R_{p0.2}$）。

R_{eL} 值决定了薄钢板冲压成型中开始产生塑性变形时所需载荷。R_{eL} 值越大，所需的成型力越大。但是它对薄钢板冲压成型性能影响不大。

（2）拉伸强度（可表示为 σ_b、TS、R_m）：单向拉伸试验中，薄钢板达到最大载荷时的工程应力。

R_m 值决定了薄钢板冲压成型时所能施加的最大载荷。R_m 值越大，冲压成型时零件危险截面的承载能力越高，其对应的变形程度越大。在薄钢板与冲压成型性能有关的其他性能基本相同前提下，薄钢板的 R_m 值大，则它的冲压成型性能好。

（3）总伸长率（可表示为 δ、EL 或 A）：单向拉伸试验中，薄钢板在拉力作用下由均匀变形发展为集中性变形直至断裂，断裂前两种变形之间的转变点所对应的变形量称作均匀伸长率，断裂时所对应的变形量称作总伸长率。

（4）最大力伸长率：分为最大力总伸长率 A_{gt} 和最大力非比例伸长率 A_g，反映了薄钢板在冲压变形中开始发生颈缩时的变形量。此时变形发生在颈缩区局部，最初为分散颈缩，随后发展为集中颈缩，直至材料发生断裂。因此，A 值越大，均匀伸长率也越大，薄钢板冲压变形时发生颈缩越晚其所能承受的最大变形量越大，它的综合冲压成型性能越好。同一薄钢板在拉伸试验时，试样标距选取的不同则所得到的 A 值也不同。

（5）屈强比（可表示为 σ_s/σ_b、YS/TS 或者 R_{eL}/R_m）：薄钢板屈服强度与拉伸强度之比。

R_{eL}/R_m 值越小，表明冲压成型的薄钢板在破坏之前可进行更大的变形和加工，特别是拉胀成型过程。因此，它的综合冲压成型性能越好，成型后零件的形状固定性也越好。

（6）塑性应变比（可表示为 r）：单向拉伸试验中，薄钢板宽向应变和厚向应变的增量比，即 $r = d\varepsilon_w / d\varepsilon_t$，由于这一比值随变形变化不大，故通常采用全量应变比来表示，即 $r = \varepsilon_w / \varepsilon_t$。

对于薄钢板，通常其 r 值随试样取向不同而变化，故定义它的平均值（$\bar{r}$）及平面各向异性系数（Δr）为：

$$\bar{r} = (r_0 + 2r_{45} + r_{90})/4 \qquad (1\text{-}1)$$

$$\Delta r = (r_0 - 2r_{45} + r_{90})/2 \qquad (1\text{-}2)$$

式中，下标 0、45、90 表示单向拉伸试样的取向与薄钢板轧制方向的夹角。

这一指标反映了薄钢板承受载荷时抵抗厚向变形的能力，即 r 值越大，薄钢板抵抗厚向变形的能力越强，可作为衡量薄钢板各向异性（主要是厚向异性的）一种量度。它与许多模拟成型性试验指标有很好的相关性，是评价薄钢板冲压成型性能的重要指标，特别是深冲性能（也称作拉深性能或压延性能）。

$\bar{r}$ 值的大小主要与薄钢板组织中晶粒的择优取向即织构有关，也就是说与薄钢板的生产和深加工工艺有关。$\{111\}$ 织构越强，$\{100\}$ 织构越弱，则 $\bar{r}$ 值越高，它的深冲性能即压延性能越好。

Δr 值反映了板面上各方向 r 值变化的程度，它与压延成型时凸耳的大小具有密切相关性。Δr 值大，则凸耳大；反之相反。$\Delta r < 0$，拉深件凸耳在 0°或 90°方向；$\Delta r > 0$，拉深件凸耳在 45°方向。

（7）应变强化指数（可表示为 n）：单向拉伸试验中，薄钢板应力-应变本构关系近似表达式 $\sigma = k\varepsilon^n$ 中的幂指数。n 值在数量上等于或近似等于试样刚开始出现颈缩时的真实应变。

n 值随试样在薄钢板上取向的不同而变化，通常用它的平均值来表示，即：

$$\bar{n} = (n_0 + 2n_{45} + n_{90}) \qquad (1\text{-}3)$$

式中，下标 0、45、90 表示单向拉伸试样的取向与薄钢板轧制方向的夹角。

$\bar{n}$ 值也是衡量薄钢板在塑性变形过程中形变强化能力的一种量度，冲压件的最终强度、均匀伸长量、成型极限图、应变分布和其他许多成型变量都与它有关，它还反映了薄钢板冲压变形时应变均化的能力。

$\bar{n}$ 值是评价薄钢板冲压成型性能的重要参数，其值越高，薄钢板的冲压成型性能越好，特别是拉胀性能 n 值大小主要取决于钢质的纯净度和铁素体组织晶粒尺寸，提高钢质的纯净度和适当增大铁素体组织晶粒尺寸都可使 $\bar{n}$ 值增加。

1.2.2 使用性能

1.2.2.1 冲压成型性能

薄钢板适应冲压成型过程的能力，即指薄钢板在冲压成型过程中抵抗失效（如断裂、瓢曲、起皱、形状扭曲等）的能力；也可理解为薄钢板在冲压成型过程中发生破坏前可得到的最大变形程度。

具有极佳冲压成型性能的薄钢板应表现为：（1）具有均匀分布应变；（2）承受平面内压缩应力而无起皱；（3）可达到较高的应变而无颈缩和断裂；（4）承受平面内剪切应力而无断裂；（5）变形的零件由凹模出来后保持形状不变；（6）保持表面光洁且无损伤。

冲压成型性能不仅与薄钢板自身的化学成分、微观组织结构有关，而且与它在冲压过程中的变形方式、变形历史、附近材料的应变梯度以及具体的冲压生产条件如尺寸效应、边缘情况、模具参数、机床工作参数、摩擦润滑情况、工人操作等有关。

薄钢板的冲压成型性能既可由基本成型性试验所得到的材料基本性能指标值 $\bar{r}$、$\bar{n}$ 等评价，也可由模拟成型性试验所得到的材料的某种特殊成型指标值来评价，两者之间具有很好的相关性。通常应用最广泛的是单向拉伸试验，它属于基本成型性试验；而冲杯试验、锥杯试验、液压胀形试验、杯突试验、扩孔试验、极限拱顶高度试验、成型极限图试验等都是模拟成型性试验。$\bar{r}$ 值和 $\bar{n}$ 值越高，冲压成型性能越好。

1.2.2.2　抗凹陷性能

抗凹陷性能是指车身外表零件抵抗外加负荷（静负荷或动负荷）在其表面产生压痕的能力，通常用凹陷深度评价。这种性能对于车身外表零件有实际意义，因为汽车行驶时不可避免地要有飞溅的石头等杂物打在汽车上而在零件表面产生压痕，破坏其外观并打掉油漆而增加锈蚀的机会。车身外板的抗凹陷性能与钢板的屈服强度、厚度和零件的刚度有关，屈服强度越高，厚度越大，其抗凹陷性能越好，而零件的刚度越高，其抗凹陷性能越差。

据文献［6］，抗凹陷性能与钢板的屈服强度（σ_s）和厚度（t）之间有如下关系：

$$W = k(\sigma_s^2 t^4)/s \tag{1-4}$$

式中　W——零件刚产生凹陷变形时所需的变形能；

　　　s——零件的刚度；

　　　k——比例常数。

由此可见，零件刚度不变时，钢板的屈服强度越高，板厚越大，产生凹陷变形时所需能量越大，抗凹陷性能越好。

目前有固定负荷法和增量负荷法两种方法来评价板件的抗凹陷性能。用一个直径为 25.4mm 的钢球压头以 13mm/min 的速度垂直地压向试验板件的表面，压陷深度的测量精度为 0.0127mm，试件采用在试验室胀形成型的板形，试验装置示意图如图 1-2 所示[7]。将钢板冲压成型为特定形状如方形带拱顶的试样，经高温时效处理（170 ~ 200℃，20 ~ 30min）后，测量在一定质量（20kg）和一定尺寸（半径为 10mm）的钢珠冲击下的试样凹陷深度。所测的试样凹陷深度越小，抗凹陷性能越好。

固定负荷压陷试验步骤如下：（1）在试验位置预加负荷 2.5N，记录下开始的位置；（2）加负荷 178N，然后卸掉负荷至零；（3）后加负荷 2.5N 并记录下最终的位置，与开始位置的变化即为压陷深度。用固定负荷（也称一次负荷）作用下的压陷深度表示板件的抗凹陷性能。在上述试验过程中记录下负荷-变形数据画成曲线

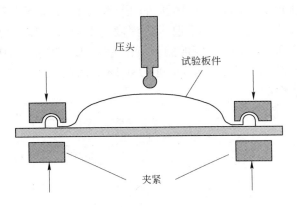

图 1-2 压陷试验示意图

（图 1-3[8]），从图 1-3 上可以计算出试验部位的刚度、起伏负荷和产生的压陷深度。

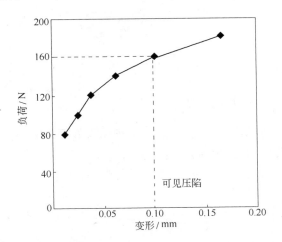

图 1-3 抗凹陷性能试验时的负荷-变形曲线

增量负荷压陷试验步骤如下：（1）在试验位置预加负荷 2.5N，记录下开始的位置；（2）在试验位置加初始负荷 67N；（3）后加负荷 2.5N 并记录下位置；（4）在同一位置不断加增量负荷 13.3N，在每次加增量负荷前后都预加和后加负荷 2.5N，测量压陷深度，直至压痕深度达到 0.25mm。采用可见的压陷深度 0.1mm 的负荷表示板件的抗凹陷性能；也有的试验把压陷深度为 0.06mm 作为可见压陷深度，用产生 0.06mm 压陷深度的负荷作为抗凹陷性能[9]。图 1-4 所示为负荷-压陷深度曲线，压陷深度为 0.1mm 时的负荷为 160N，用它表示抗凹陷性能。

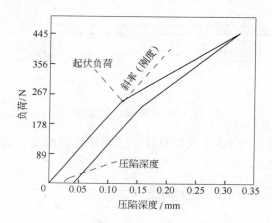

图 1-4　负荷-压陷深度曲线

1.2.2.3　抗冲击性能

抗冲击性能指薄钢板制作的汽车车体与外界硬物相碰撞时，不发生破裂的能力，通常用临界冲击功评价。

薄钢板的抗冲击性能与它的拉伸强度和板厚平方的乘积成正比，即：

$$\sigma_k = \sigma_b t^2 \qquad (1-5)$$

式中　σ_k——冲击功；

　　　σ_b——钢板的拉伸强度；

　　　t——钢板板厚。

可知，钢板的拉伸强度越高，板厚越大，它的抗冲击性能越好。

通常采用冲击试验测定临界冲击功来评价钢板的抗冲击性能。将试样制成一定形状，用冲头进行冲击，改变不同的载荷和冲击距离，获得试样压坏的临界值。临界冲击功越大，钢板的抗冲击性能越好。

1.2.2.4 焊接性能

焊接性能指薄钢板适应焊接的能力。

薄钢板的焊接性能取决于它所含元素的种类及其含量。其中，碳含量的影响很大，可作为判别焊接性能的主要标志。薄钢板的碳含量越小且钢质越纯净，焊接性能越好。此外，焊接性能也与薄钢板厚度强度和焊接方法有关。板厚越小，焊接性能越差，只能采用点焊方法；强度提高，焊接条件的范围变窄。

1.2.2.5 镀层附着性能

镀层附着性能指薄钢板表面与镀层之间相互结合的能力，主要与薄钢板和涂镀材料的成分以及涂镀工艺有关。钢质纯净，基板表层晶粒的晶界过于洁净，会引起快速合金化反应，不利于镀层附着性能。不同的涂镀材料所对应的镀层附着性能不同，目前普遍采用由锌和少量铝配制的涂镀材料。电镀工艺较比热镀工艺可得到好的镀层附着性能。

1.3 烘烤硬化钢的发展和种类

沸腾钢最早被发现具有烘烤硬化效果。在室温下短时储存时，钢板内大量的自由 N 原子迅速扩散，导致屈服强度增加。由于沸腾钢很容易发生自然时效现象，不仅增加了冲压阻力，也导致冲压后表面出现滑移线，影响表面质量。由于沸腾钢中大量的固溶 N 原子易引发短时自然时效现象，因此发展了含铝镇静钢，通过增加稳定化元素铝含量使得固溶氮以氮化铝形式析出，该钢种碳含量不低于 0.05%。随真空冶炼技术的迅速发展，发展出将碳含量控制在 0.01% ~ 0.03% 左右的 ELC 钢板。由于成型性要求越来越高，碳含量的控制精度要求进一步提高，到 1990 年可控碳含量小于 0.01%，超低碳钢的碳含量已能控制在 0.005% 以下。随真空冶炼技术的进一步发展，超低碳钢可控碳含量低于 0.003%，通过加入稳定化元素 Nb、Ti、V 等与 C、N 形成碳氮化物，残留 0.001% ~ 0.002% 的固溶碳，从而生产出很好的烘烤硬化钢板。Hutchinson[10] 认为碳含量低于 0.001% 以下时，材料的冲压成型性能反而下降，如图 1-5 所示。

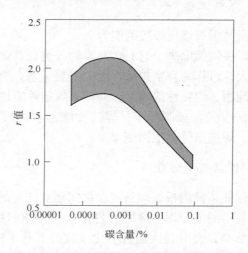

图 1-5 碳含量对钢材成型性能 r 值的影响

双相钢板、氮化钢板、含磷铝镇静钢板和超低碳烘烤硬化钢板是目前主要开发应用的烘烤硬化钢板。其中双相钢板虽具有较高强度，但压延性能较差，塑性应变比 r 值较低，价格也较高，因此在使用上受到了一定的限制；氮化钢板抗自然时效性能差，在冲压成型后表面极易产生滑移线，且钢板的冲压成型性能较差，塑性应变比 r 值较低；含磷铝镇静烘烤硬化钢板不仅具有较好的塑性和冲压成型性能，也具有较高的屈服强度以及抗凹陷性能，主要应用于生产汽车车身覆盖件的冲压成型，应用较广。随汽车工业的发展，汽车车身外覆盖件的形状越来越复杂，冲压材料的成型性能和塑性要求越来越高，随超低碳无间隙原子钢系列产品的开发生产，超低碳烘烤硬化（ULC-BH）钢板获得了汽车厂家的普遍关注。ULC-BH 钢板具有比含磷铝镇静钢更高的冲压成型性能以及更好的抗自然时效性能，是更为理想的先进汽车薄钢板[11]。

ULC-BH 钢板是在超低碳 IF 钢（碳含量小于 0.005%，氮含量小于 0.004%）的成分基础上，通过加入稳定化元素 Ti、Nb、V，使钢中全部氮原子和绝大部分碳氮原子被固定成碳氮化物，以获得较好的深冲性能，冷轧板经退火、平整后，基体内残留一定数量的自由碳原子。冲压钢板在随后的烤漆处理后获得硬化，从而提高了汽车冲压零件的抗凹陷性能。ULC-BH 钢板综合了高强度 IF 钢板和铝镇静钢板两者的优异的冲压成型性能、良好的塑性、抗凹陷性能及抗冲击性能等。

1.4　超低碳烘烤硬化钢板的特点、应用及国内外研究现状

超低碳烘烤硬化钢板具有优异的冲压成型性、塑性，以及较低的屈服强度，使其更适用于汽车外覆盖件进行复杂形状的成型加工。在冲压后烤漆过程中，钢板的屈服强度提高，从而增强钢板的抗凹陷性能[12]。图 1-6[13]对比了软 IF 钢、含磷高强度 IF 钢和超低碳烘烤硬化钢，表明超低碳烘烤硬化钢板达到软 IF 钢优异的冲压成型性能和含磷钢较高的强度和抗凹陷性能。图 1-7[14]对比了传统钢板和烘烤硬化钢板烘烤前后凹痕深度的变化曲线。从图中可以看出，相比于传统钢板，烘烤硬化钢板经过 170℃ × 20min 的高温烘烤时效处理后，屈服强度较大增加，抗凹陷性能得到提高。由于在烘烤前性能接近于软 IF 钢，因此在冲压后也具有优异的表面质量。

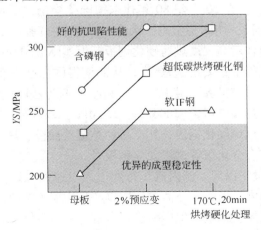

图 1-6　软 IF 钢、含磷高强度 IF 钢和
超低碳烘烤硬化钢性能对比

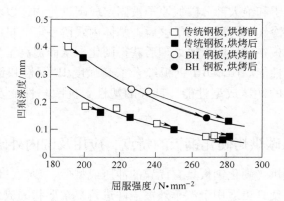

图 1-7 传统钢板与烘烤硬化钢板烘烤
前后凹痕深度的变化曲线

20 世纪 80 年代欧美、日本等先进国家开始研究烘烤硬化钢板。日本各大钢铁企业在 20 世纪 80 年代就已经普遍采用连续退火线生产烘烤硬化钢板[15]。1989 年日本开发出 Ti 处理热镀锌烘烤硬化钢板[16]。1996 年日本颁布了关于汽车钢板完善的 JFS 行业标准[17,18]。自从 2002 年以后，日本设计和生产的微型汽车面板几乎全部采用烘烤硬化钢板[19]。在 20 世纪 80 年代末德国蒂森钢铁公司研制和生产出烘烤硬化钢板，期间与宝马、大众、戴姆勒-奔驰、沃尔沃等汽车生产商进行合作对高强度烘烤硬化钢板开展实际应用和成型性能的研发工作，并取得了重要的进展[20]，从而使得欧洲在汽车板领域走在世界的前列。目前世界上最大的汽车板生产商为法国的阿塞勒集团，它研制和生产出 160MPa、180MPa、220MPa、260MPa、300MPa 等多种强度级别的烘烤硬化钢板，其产品种类覆盖裸板、热镀锌板、电镀锌板、热镀锌合金化板等烘烤硬化钢板[21]。

进入 21 世纪以后，国内汽车行业迈入飞速发展期，汽车产销量节节攀升。国内市场的大量需求和进口产品长期市场垄断促使国内加大对高强度烘烤硬化钢的生产和研发力度。目前宝钢、武钢、鞍钢均已试制和生产出不同强度级别的烘烤硬化钢板[22,23]，见表 1-2。宝钢可生产 180MPa、210MPa、240MPa、270MPa、300MPa 等多个级别的烘烤硬化钢板[24]，应用较广的强度级别为 180MPa 和 220MPa[25]。近几年武钢加大力度研发抗拉强度达到 300~380MPa、屈服强度达到 180~240MPa、烘烤硬化值不低于 40MPa 的电镀锌钢板[26]。武钢烘烤硬化汽车板的生产技术逐渐趋于成熟。鞍钢和一汽共同研发了型号为 A200BH 的烘烤硬化钢板，并已投入市场。由于国内烘烤硬化钢板的起步较晚、技术和生产管理存在许多不足，导致国内超低碳烘烤硬化钢板和热镀锌板强度级别不全，并存在产品性能不稳定、烘烤硬化值和屈服强度变化大等缺点，需要从技术和微观机理方面加大研发力度，为我国能生产出性能稳定、合格的超低碳烘烤硬化钢板提供理论和技术支持。

表 1-2　宝钢、武钢、鞍钢烘烤硬化钢的化学成分与力学性能

| 钢号 | 公司 | 化学成分/% | | | | | | R_{eL}/MPa | R_m/MPa | A/% | r | n | BH 值/MPa |
		C	Si	Mn	P	S	Al						
B140H1	宝钢	0.0020	—	0.145	0.013	0.007	0.046	194.8	300.6	40.2	1.90	—	58.0
B180H1	宝钢	0.0024	0.010	0.551	0.055	0.008	0.052	241.0	351.6	37.5	1.84	—	56.0
BPH340	宝钢	0.230	0.019	0.230	0.098	0.008	0.050	245.5	375.5	36.2	1.59	0.23	53.7
BH340	宝钢	0.0018	—	0.220	0.078	0.008	0.051	213.2	347.8	38.5	1.75	0.22	42.8
WHB340	武钢	0.0380	0.020	0.270	0.064	0.019	0.083	218.5	353.5	38.5	1.61	0.23	39.5
A220BH	鞍钢	0.0500	0.030	0.220	0.048	0.013	0.019	225.0	370.0	38.0	1.62	0.23	40.6

1.5　烘烤硬化现象的物理机理

　　汽车钢板冲压成型后，需要对外板进行喷漆烤漆处理，以加速车漆的附着固化，而在 150~200℃ 保温几十分钟的烤漆过程中，以 ULC-BH 钢板为基材的汽车外板将会出现烘烤硬化（bake hardening），使屈服强度提高 30~50MPa，从而显著提高钢板的抗凹陷性能。钢的化学成分、热轧、冷轧、连续退火和平整工艺对烘烤硬化性能均有一定影响。

1.5.1 碳原子钉扎位错机制

图 1-8 所示为烘烤硬化的物理机制[27]。烘烤硬化钢板经热轧、冷轧、退火、平整后基体内位错密度很低，经过冲压成型或施加一定预应变以后，铁素体基体内位错密度提高，在 150~200℃烘烤时效处理时自由碳原子的热激活能增加，促使其加速向位错扩散，偏聚到基体位错处钉扎位错形成 Cottrell 气团[28,29]。由于滑移受阻，钢板屈服强度提高，增加了汽车板冲压件的抗凹陷性能。烘烤硬化的前提是[30]：钢板内必须有足够多的自由碳原子；必须存在足够的可移动位错；在烘烤温度下，自由碳原子必须有足够的运动速度；回复过程应足够慢以防止钢板软化。碳原子偏聚到位错处将降低晶格畸变能，其钉扎位错的驱动力是晶格畸变能的降低。

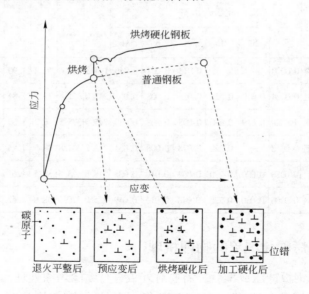

图 1-8 产生烘烤硬化的物理机制

烘烤硬化的过程实际上就是应变时效过程。在室温下长期保存，碳原子也会发生应变时效现象，这就是自然时效现象。烘烤硬化实际上是自然时效的加速版，通过增加时效温度促使时效在几分钟即可发生。

1.5.2 应变时效理论

1.5.2.1 早期应变时效理论

Cottrell 和 Bilby[31] 在 1949 年发表了位错理论，该理论认为当碳原子进入晶格内时将产生流体静应力和剪切应力，应力值随碳原子扩散到螺旋位错或韧性位错而减小。由于时效钢在塑性变形前位错被气团钉扎，导致上屈服点在变形过程中产生。当在较低的屈服点附近塑性变形时，新位错往往在较小的应力下移动，而偏聚将会继续进行直到达到饱和状态，此时气团在位错线下面，可被视为位错的中心列。

Cottrell 和 Bilby 计算了气团生成速率：

$$N(t) = 3n_0 (\pi/2)^{1/3} (ADt/kT)^{2/3} \qquad (1-6)$$

式中　$N(t)/n_0$ —— 在温度为 $T(K)$，经过时间 $t(s)$ 偏聚到位错处的碳原子占总碳的质量分数；

D —— 碳原子扩散系数，cm^2/s；

A —— 相互作用系数用于定义气团的强度，Pa；

k —— 玻耳兹曼常数，J/K。

这个 $t^{2/3}$ 规律已被普遍认可。依据这个规律，柯氏气团将趋于平衡。碳原子向位错的偏聚速度将随柯氏气团饱和度的增加和浓度的减少而减慢。然而，模拟这个过程非常困难，因此作者做了合理的假设：认为至少在时效最初阶段，主要是原子与位错发生相互作用而导致的漂流。

科学家们做了许多尝试建立了很多模型用于说明气团接近饱和时的情况。1963 年 Baird、Bullough 和 Newman 作出了重要的贡献[32~36]：他们分析了应变时效的动力学理论，指出 Cottrell-Bilby 关系适用于时效程度达到 30% ~ 40% 之前的情况。在后面的阶段，偏聚主要受阻于从气团中心的逆向扩散。

Bullough 和 Newman 计算出在形成气团时只有 10% 的溶质原子偏聚到位错，并提出相对于溶质原子偏聚，在位错线上更易发生析出。他们推测这些析出颗粒很可能是棒状的，它们将与位错线周围的应力场发生弹性交互作用，这个假设最终被 Nacken 和 Heller[37] 的研究所证实。

　　Baird[33~36]、Wilson 和 Russell[38~40] 对应变时效阶段说的许多研究成果进行了全面、深入的分析和总结。Wilson 和 Russell[38~40] 研究了应变时效对应变量为 4% 的沸腾钢力学性能的影响，发现应变时效存在四个阶段。第一阶段，在零摄氏度以下（－12℃），在螺位错的切应力作用下，溶质原子都会跳到交互作用能最低的位置上去，使得溶质原子在位错附近呈有序分布，这就是 Snoek 效应，这种有序排列称为 Snoek 气团[41]。在较高温度下（60℃），在 10^4min 内出现了几个截然不同的时效阶段（图 1-6）。第二阶段，随着屈服点伸长率的增加，屈服强度按照 $t^{2/3}$ 规律增加，该时效阶段的钢板将会出现吕德斯带。实验结果显示这个阶段最终有 10% 的固溶原子偏聚，这与 Bullough 和 Newman 理论非常吻合。第三阶段，溶质原子的连续偏聚导致屈服强度进一步增加，但相对第一、二阶段增加更加缓慢；吕德斯带并未继续增加，表明 Cottrell 钉扎不再是主导机制。可以假设在这个阶段的应变时效主要由于饱和的位错气团上形成细小的 C 原子簇或沉淀。第四阶段，抗拉强度增加，断后伸长率下降，而屈服强度只是略微增加，预计主要是晶格内沉淀强化造成的。在过时效试样中，许多细小弥散的沉淀物被观察到，可以推测这些来自于细小、间隙很小的颗粒沿变形晶粒中的位错网络分布。根据这些研究结果，Wilson 和 Russell 指出一旦 Cottrell 气团形成，强度的继续增加主要和形成固溶原子簇（固溶原子聚集到气团处）有关。继续时效将会使得这些簇粗化直至生成第二相析出，增加抗拉强度并导致经典的沉淀强化。但考虑到当代的烘烤硬化钢板固溶碳含量只有 0.001% 左右，很难粗化形成第二相析出物。

1.5.2.2　近期发展的应变时效理论

　　烘烤硬化形式的应变时效是当代汽车板一个重要的应用性能。目前大部分理论是基于在相对较低温度下，碳和氮达到高度饱和的情况。而普通的超低碳烘烤硬化钢，固溶氮含量几乎为零，固溶碳含量只有 0.001% 左右。近年来的研究主要集中在较高的温度下的时效问题，特别是在汽车生产线的烤漆过程（150~200℃保温几十分钟）

的情况。

1993 年，Elsen 和 Hougardy 对碳含量极低的钢（固溶碳含量小于 0.0005％）的时效动力学进行研究[42]。在温度为 50～180℃时，烘烤硬化存在两个完全不同的阶段，如图 1-9 所示。第一个阶段假定碳原子长程扩散到位错周围的应力场（Cottrell 和 Bilby 提出这个理论）。然而随着距离的增加，碳原子和位错的交互作用减少。Elsen 和 Hougardy 认为，Cottrell 和 Bilby 方程只适用与时效最初时溶质原子偏聚和力学性能的关系，因此发展出用于描述时效第一阶段烘烤硬化行为的新的关系方程：

$$\Delta\sigma_{\text{Cottrell}} = \Delta\sigma_{\text{max},1}(t/k_c)^{n_c}/[1 + (t/k_c)^{n_c}] \qquad (1\text{-}7)$$

式中　$\Delta\sigma_{\text{max}}$ —— 烘烤硬化第一阶段的最大强度增量；

　　　t —— 时效时间；

　　　k_c —— 温度相关常数，k_c 遵从 Arrhenius 关系，与铁素体中位错密度以及扩散速率无关；

　　　n_c —— 时间指数。

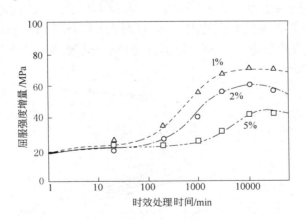

图 1-9　在 150℃下时效时，预应变对屈服强度的影响

最大强度增量和时间指数被发现在所有的温度和预应变情况下都是恒定的，这就意味着形成 Cottrell 气团导致的屈服强度增量是有限的，而与位错密度及时效温度无关。这种关系扩大到时效第二阶段的

模型，在这个模型中假设在时效第二阶段在位错线上形成第二相析出。在这种情况下，最大强度的增强与温度无关，但是随着预应变的增加，强度增量反而变少，可见在较高位错密度情况下，沉淀强化机制已不再是有效的强化机制。高位错密度造就了更多的形核点，从而使析出相颗粒细化，由于颗粒的连续排列使其更容易被位错切过，减少颗粒尺寸降低了位错运动的阻力，从而造成强度减少。Elsen 和 Hougardy 研究发现不同钢加工硬化的差别不大，可见位错密度增加速度在各种条件下都相差不大。这个关系后来被 Van Snick 的研究[43]所证实。

Kozeschnik 和 Buchmayr[44]对烘烤硬化第二阶段形成的第二相颗粒类型进行了研究。图 1-10 将计算得到的 0.045% 碳含量钢中铁素体区渗碳体析出的 TTP（时间-温度-沉淀量）曲线与 Abe 实验结果[45]进行了对比。与 Abe 试验结果相比较，在 90℃和 250℃时出现明显的不连续性析出主要是由于析出低温碳化物（$Fe_{32}C_4$）和 ε-碳化物（$Fe_{2.4\sim3.0}C$）。通过电子显微镜观察表明[46~48]，这些析出相与渗碳体有明显不同的结构，也有不同的形核和长大行为。ε-碳化物优先在位错处形成[49]，沉淀发生的温度和时间符合 Elsen 和 Hougardy 的第二阶段烘烤硬化理论[42]。可以推测这些粒子与观察到的强度增量有关。

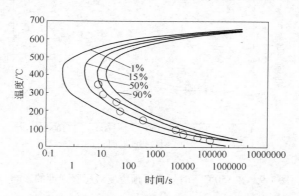

图 1-10　碳含量为 0.045% 的钢的时间-温度-沉淀（TTP 曲线）

尽管烘烤硬化和形成原子簇、析出的阶段性模型已经建立，但这些模型本身的研究对象主要是低碳钢或者微碳钢，而超低碳烘烤硬化钢的固溶碳含量只有 0.001% 左右，碳原子很难再继续聚集形成第二相颗粒。因此对于超低碳钢，时效的第二阶段很可能根本就没有发生。例如，通过 TEM 电镜并没有观察到超低碳烘烤硬化钢板中存在这些析出[50]。Okamoto 等[51]的研究似乎也间接地证明应变时效的第二阶段可能并不存在，如图 1-10 所示。Okamoto 等研究发现：预应变和时效后变形在同一方向会使烘烤硬化作用明显，但在垂直方向烘烤硬化效果却不明显（图 1-11）。可见，烘烤硬化是由于柯氏气团中碳原子对滑移面上位错的钉扎作用，而不是由于形成第二相析出颗粒导致的析出强化作用。

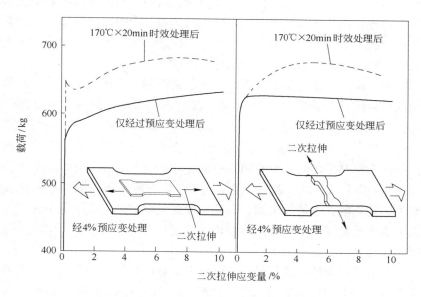

图 1-11　预应变方向对烘烤硬化性能的影响

目前关于 ULC-BH 钢的应变时效现象的理论解释主要基于 Cottrell 和 Bilby 提出的位错理论。虽有些学者对 ULC-BH 钢的烘烤硬化现象有新的理论解释，丰富了烘烤硬化现象的理论基础，但由于技术条件限制，多数研究往往基于较多假设为前提，缺乏具体实验数据支持，且同一问题的研究结论存在诸多矛盾之处，因此为加深对 ULC-BH 钢烘烤硬化现象的理解，仍需做进一步的工作。

1.6　烘烤硬化性能的内在影响因素

1.6.1　钢中固溶碳的影响

由于固溶碳原子偏聚到位错处形成 Cottrell 气团，使得位错运动受阻，进而导致滑移受阻，使钢板的抗变形能力提高，从而产生烘烤硬化。由此可见，烘烤硬化主要依赖于固溶碳原子含量和位错密度。

通过实验研究发现超低碳烘烤硬化钢固溶碳含量控制在大约十几个 ppm 左右时，基本保证有 30～50MPa 的烘烤硬化效果。适当地提高固溶碳含量，可提高硬化性能。但通过试验研究发现没有变形的钢板烘烤硬化性能为零，说明烘烤硬化依赖于一定密度的位错。但当预变形量超过 2% 以后，烘烤硬化性能并不会继续增加，说明位错密度只要达到一个基本值就可保证烘烤硬化性能。

超低碳烘烤硬化钢板具有的烘烤硬化性能主要依赖于固溶于基体内的自由碳原子数量[52]，但固溶碳含量不宜太高，因为固溶碳原子会损害 r 值，影响深冲性能和总伸长率。Van Snick[43] 研究表明，碳含量从零增加到 0.004% 将使屈服强度增加 40～70MPa，进一步提高固溶碳含量对烘烤硬化没有明显效果。Hanai[53] 认为，当固溶碳含量超过 0.002% 时，烘烤硬化增量主要与时效过程中析出的细小碳化物有关。随固溶碳含量的增加，碳原子偏聚到位错处形成碳原子簇，进而生成含碳第二相，导致沉淀强化，屈服强度增加量较少，但抗拉强度明显提高。

固溶碳原子偏聚到位错处不仅使得钢板产生烘烤硬化效果，也可能导致室温下的自然时效现象。Rubianes 和 Zimmer 研究了固溶碳含量与烘烤硬化性能和抗自然时效性能的关系（图 1-11），并以固溶碳含量为横坐标，将图 1-12 分成三个不同的影响区域[50]：第 I 区域内固溶碳含量小于 0.0003%，钢板具有优越的抗自然时效性能，但烘烤硬化性能很低，无法满足强度要求；第 II 区域内固溶碳含量大于 0.0007%，烘烤硬化值（BH_2 值）超过 60MPa，可该段区域内明显发生自然时效，不利于钢板的储存；第 III 区域介于第 I 和第 II 区域之间，拥有足够的烘烤硬化性能，烘烤硬化值控制在 20～60MPa 之间，不会产生明显的自然时效现象。显然，烘烤硬化钢板中固溶碳含量适宜控制在第 III 区域。由于该结果基于 Rubianes 和 Zimmer 通过内耗法测量的固溶碳含量，因此检测结果比 Van Snick 或 Hanai 计算得到的固溶碳含量都偏低一些，主要是由于未检测到偏聚到晶界和位错的一部分碳。

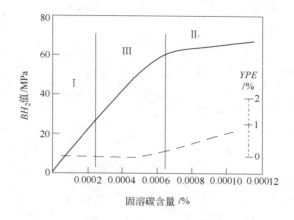

图 1-12　固溶碳对 BH_2 值和屈服点伸长率的影响

（YPE 为屈服点伸长率）

1.6.2　晶粒尺寸的影响

目前关于铁素体晶粒尺寸对烘烤硬化性能的影响有大量的研究，但这些研究结论往往是矛盾的。Hanai 等[53]对低碳钢进行了研究，发现通过改变退火条件可改变晶粒尺寸，减小晶粒尺寸可增加烘烤硬化作用，如图 1-13 所示。一个适宜的晶粒尺寸增强了烘烤硬化效果，但对于经过 2% 预应变的情况下，晶粒尺寸对流变应力没有明显的影响。Bleck[54]得到了一个相似的结论，但没有给出冶金学的理论解释。Kinoshita 和 Nishimoto[55]发现具有粗大晶粒的铝镇静钢和含磷钢比细晶钢烘烤硬化性能更低，在 550℃ 加热 1h 增加了基体内固溶碳含量，但是对烘烤硬化性能的影响很小。可以推测，烘烤硬化效果可能与偏聚到晶界的固溶碳有关[56~58]。Meissen 和 Leroy[59]提出：少量自由碳原子在冷却过程中偏聚到晶界处导致固溶碳的内耗测量值偏

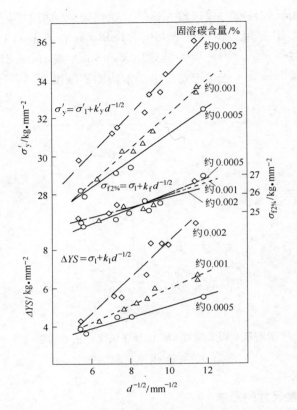

图 1-13 在 2% 预应变（对应应力 $\sigma_{f2\%}$）以后，固溶碳和
晶粒尺寸对烘烤硬化增量 ΔYS 和抗拉强度 σ'_y 的影响

低，这个理论被 Sakata[60] 的研究证实。Jun 等[61] 应用三维原子探针
（3DAP）检测到 ULC-BH 钢板存在明显的碳原子晶界偏聚现象。De
等[62,63] 提出模型认为晶界处偏聚的自由碳原子对烘烤硬化的贡献不
明显，碳原子的晶界偏聚降低了钢板的烘烤硬化性能。晶粒尺寸在
21~66μm 范围内时，随晶粒尺寸增大，碳原子晶界偏聚量减少，基
体内固溶碳含量增加，烘烤硬化性能提高。Pradhan[64]、Lee 和
Zuidema[65] 研究认为粗晶钢和细晶钢的烘烤硬化性能差别不大。目前
关于晶粒尺寸对烘烤硬化性能的影响的研究结果是有限的，需要更进

一步的深入研究。

1.7 烘烤硬化钢板的生产工艺

生产烘烤硬化钢板包括炼钢、连铸、热轧、卷轧、冷轧、退火和平整过程，如图 1-14 所示。成分和生产过程中一些重要工艺参数均会对烘烤硬化性能产生影响[66]。

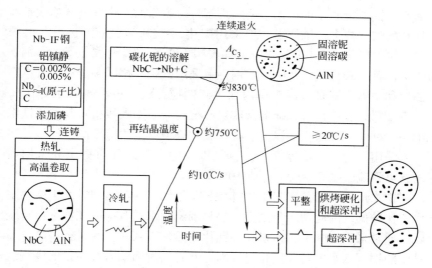

图 1-14 ULC-BH 钢板的生产工艺原理

1.7.1 超低碳烘烤硬化钢板的冶炼和成分控制

1.7.1.1 冶炼和浇铸工艺

超低碳烘烤硬化钢板钢工艺流程为：高炉炼铁—铁水预处理（脱硫、脱硅、脱磷）—复吹转炉（脱碳、脱磷）—炉外精炼 RH（脱碳、脱气、去除夹杂物）—板坯连铸。

生产过程的每一步工序，都对 ULC-BH 钢的组织和性能产生重要地影响。ULC-BH 钢的冶炼工艺主要是解决脱碳和防止增碳、降氮和防止增氮、尽可能提高钢质的纯净度及微合金化控制来消除 C、N 间隙原子的问题。因此冶炼和浇注过程中对铁水、废钢、铁合金的纯度以及炼钢设备、技术及管理均有严格的要求。

　　A　铁水预处理

　　铁水预处理是生产 ULC-BH 钢工艺的第一步，通过铁水预处理可以脱去大部分的硫、磷等有害元素。目前较为成熟的工艺技术方法是喷粉、搅拌和喂线。喷粉是一种用载气将脱硫剂喷入铁水中，依靠脱硫剂与铁水中的硫进行化学反应，而将硫脱除的方法。复合喷吹是一种新的喷吹技术，该技术一般采用碳化钙-镁粉做脱硫剂进行复合喷吹，可将硫脱至 0.005% 以下，如美国 LTV 公司、加拿大 Stelco 钢铁公司、日本新日铁以及中国宝钢，多采用此法。德国莱茵厂、日本广佃厂和中国武钢采用混铁车内加脱硫剂搅拌法，可将硫脱至 0.02% 以下。喂线法就是将脱硫剂做成包心线，而后用喂线机将其送入铁水中的一种脱硫方法。因该方法脱硫剂的烧损低、脱硫率高，而被一些厂家采用。例如，俄罗斯、乌克兰以及中国南钢和重钢主要采用此法，可将硫脱至 0.005% ~ 0.010% 以下。

　　铁水预处理工艺兴起于 20 世纪 70 年代。欧美的钢厂由于原料中含磷比较低，因此铁水预处理主要是围绕铁水的脱硫。在铁水进行脱硫，通常采用喷吹金属镁粉粒和钝化的活性石灰对铁水进行脱硫。而日本的钢厂铁水中磷含量相对较高，并且当时面临着高质量的废钢资源比较缺乏的问题，所以相继开发了铁水的"三脱"工艺，即铁水预处理脱硅、脱磷和脱硫。随着市场对高纯净度钢水的需求日益增长，铁水预处理得到了迅速的发展。目前日本的许多钢厂已做到铁水 100% 预脱硫、80% 以上预脱磷。20 世纪 80 年代，铁水三脱预处理已成为生产优质低磷、低硫钢必不可少的经济工序。其基本目标是必须将入转炉的铁水 [P]、[S] 含量脱至成品钢种水平，达到转炉冶炼后获得低磷、低硫钢水，进而炉外精炼后获得超纯净度的钢种，即目前我国所说的超附加值钢种。只有这样才能发挥铁水三脱的作用和效益，也就是说，铁水预脱磷、预脱硫的深度必须与冶炼的钢种有关。

　　在铁水"三脱"的工艺条件下，铁水的脱硅、脱磷和脱硫从转炉冶炼负荷中分化出来，转炉的冶炼功能进一步简化为脱碳和升温。

对于转炉炼钢工序，铁水预处理的主要作用有：

（1）提高钢水纯净度，大批量生产低磷低硫钢成为可能。

（2）降低全工序的成本，如合金和耐火材料的消耗。

（3）由于转炉操作的简化和标准化，转炉产能提高。

（4）成分命中率提高，工序更易于调度。

铁水预处理按处理任务不同可分为预脱硫、预脱磷和同时脱磷脱硫（包括预脱硅）。国外的铁水三脱处理主要在日本得到了蓬勃发展，在北美、西欧和原苏联则以铁水预脱硫为主。预脱硫剂主要有：苏打（Na_2CO_3）、电石（CaC_2）、石灰（CaO）、金属镁以及以它们为基础的复合脱硫剂。目前，我国大多数大中型钢铁企业均已建立了铁水喷吹预脱硫站，采用的铁水脱硫剂则主要以石灰系、电石系为主，近来开始使用镁系脱硫剂。目前，基于铁水预处理的转炉生产纯净钢工艺主要有两种流程：一种是基于铁水深度预脱硫，转炉强化脱磷，钢水炉外喷粉脱磷、脱硫、升温、真空精炼；另一种是基于铁水三脱预处理，复吹转炉少渣吹炼，钢水炉外喷粉脱硫、真空精炼。后者具有生产效率高、石灰等造渣料消耗少、过程温降小、生产周期短、成本低等优点，经济效益显著高于前者，适宜于生产。

根据国内外经验，铁水预处理的主要意义在于：

（1）铁水磷、硫含量可以降到低或超低含量，有利于转炉冶炼优质钢和合金钢，生产具有高附加值的优质钢材。

（2）能保证炼钢吃精料，提高转炉生产率、降低炼钢成本、节约能耗。转炉脱磷、脱硫任务减轻，渣量大大降低，造渣料急剧减少，渣中含铁量降低，铁损减少，锰回收率急剧增加，锰铁消耗降低，转炉吹炼时间缩短，炉龄延长。

（3）减少了钢中夹杂物，从而增加了极低碳钢的清洁度，这对冷轧的深冲钢是很重要的。

（4）可有效地提高铁、钢、材系统的综合经济效益。

B 转炉冶炼

转炉炼钢的本质是对高碳含量的铁水进行吹氧脱碳，生产出低碳含量的粗钢。复吹转炉冶炼采用精料废钢和活性石灰冶炼，冶炼全程底吹氩气，钢包内预加活性石灰，出钢过程不脱氧，只进行锰合金化处理，采用无碳包衬的钢包盛装钢水。在转炉炼钢过程中，由于吹氧会发生碳氧脱碳反应，同时，钢中的 P、Si、Mn、S、Ti、V 等元素被氧化，与加入的造渣剂形成炉渣而得到脱除。

当氧气从氧气射流冲击区向熔池中扩散时，炉渣便开始形成。氧气射流冲击区的温度非常高，超过 2000℃，此时的铁液能溶解大量氧（达到 1%）。铁液中元素被氧化的同时，高氧含量的铁液通过熔池的搅拌将氧传递给氧射流冲击区外的铁液，并氧化其中的化学元素。CO 等气态产物进入到炉气当中，而铁氧化物及其他非挥发性的氧化产物（SiO_2、MnO、P_2O_5、TiO_2、VO_x 等）与加入的石灰、白云石等共同混合形成了液态的炉渣。因此炉渣是由多种化合物构成的复杂的复合物。

在典型的吹炼过程中，吹炼一开始，硅锰等元素就被氧化。随着吹炼的进行，化学反应的趋势会随着铁液和渣中成分的变化以及温度的变化而变化，渣中锰氧化物开始出现回锰现象。冶炼初期熔池温度较低，根据相图可知炉渣可能主要由 $2CaO \cdot SiO_2$ 构成，而随着 Fe 和 Mn 的氧化以及熔池温度的升高，$2CaO \cdot SiO_2$ 逐渐转化为 $3CaO \cdot SiO_2$，但由于炉渣是由多种化合物构成的复杂复合物，以及炉渣的温度非常高（能够超过熔池铁液平均温度几百度），因此炉渣的实际转变过程可能会偏离相图的指示。

根据化学反应的自由能可知：Si、Ti、Mn 在任何吹炼模式下，在吹炼前期就将被氧化成渣，钒却难被氧化，因此用高钒铁水冶炼高碳低钒钢种会比较困难。对于磷来讲，降低渣中磷氧化物的活度系数可以提高磷氧化的自由能；对于硫来讲，由于自由能太低，硫较难直接氧化生成二氧化硫或硫酸盐，而只能由高碱度炉渣以硫化物的形式脱除。

C 炉外精炼

采用炉外精炼这一工艺，在低压下实现排除含在钢液中的氢、氧、氮等有害气体的目的。

a 炉外精炼的特点

炉外精炼又称钢的二次冶炼，是将传统的转炉、平炉和电炉初炼出的钢水倒入钢水包，在热力、动力、物理及化学的作用下，进一步对钢液进行调温、脱气、去夹杂、变性处理、成分微调及均匀化，以达到提高钢液纯度及改善钢锭结晶的目的，即减少钢液中氧、氢、氮等气体及磷与硫等有害元素和非金属夹杂物所占比重，增加钢锭组织的致密性、化学成分的均匀性、物理及力学性能的稳定性和降低表面粗糙度等。这是当今世界上黑色冶金技术为提高钢的产量和质量一项很有前途的方法。它配合采用电弧加热、真空脱气、吹氧或电磁搅拌、添加合金等工艺措施，可显著提高钢的质量，大幅度增加钢的产量。无论是转炉、平炉或电炉都可作为初炼炉，并根据不同目的和用途选取不同的炉外精炼设备和处理方法与之配合。随着钢铁生产装备的不断进步，提供了生产"洁净钢"的可能性。

b　RH/TB（顶吹氧循环式真空脱气方法）

对于转炉来说，降碳能力有限，复吹转炉吹炼低碳钢种，碳含量最低虽然可以达到 0.025% 左右，但是这远远不能满足要求。RH-TB 的脱碳工艺是通过钢水中的碳氧反应来去除钢中的碳，具有脱碳速度快、操作简单、脱碳能力强（碳含量最低可以达到 0.0012% 左右）等优点，特别适用于生产低碳钢和超低碳钢。因此通常采用 RH/TB 精炼超低碳烘烤硬化钢，该装置不仅有自然脱碳的功能，而且配备了顶枪，具有强制吹氧脱碳的功能，减轻了转炉出钢的负担，并且可以使钢中的有害元素及夹杂得以控制和去除，提高钢的纯净度，确保钢中的成分得到有效控制，为生产超低碳钢提供了保证。

RH 工作原理：RH 精炼法是 1957 年由德国 Rheinstahl 公司和 Heraeus 公司共同设计的真空精炼设备，又称真空循环脱气法。RH 处理是指钢包中的钢水通过插入钢水中的带有驱动气体的上升管，在气泡泵的原理下进入真空罐内，再经过下降管流回钢包的过程。此过程中，钢水进入真空罐内，其 CO 分压降低。根据脱碳热力学原理，钢水中的 [C] 和 [O] 剧烈反应生成 CO 气体，并不断被真空泵抽走，使真空罐内 CO 分压始终处于极低状态，而不断进入真空罐内的钢水使碳氧反应继续进行，直到反应达到平衡为止。脱碳过程伴随着氧的消耗，脱碳速率随着碳含量的降低而下降。因此，脱碳反应后期要求时间长、真空度高、氩气流量大，使钢水中产生较多的气泡，增加气相界面，反应才能继续进行，否则很难达到平衡。

冶炼 ULC-BH 钢时，全程底吹氩气，冶炼前、中、后期的底吹供气强度先减小后增大。增大后期的供气强度目的是促进钢液内和钢-渣之间的反应，以使进一步降碳。冶炼过程中，顶吹氧枪枪位采取高—低—低的变化操作，以实现复吹转炉冶炼终点钢液碳含量越低越好的目标。出钢过程采取"留氧"操作。精炼前的粗钢液中碳、氧含量及其稳定性对 RH/TB 精炼过程中深脱碳的操作工艺、精炼时间等有很大的影响。因此，要求复吹转炉供给 RH/TB 精炼的粗钢液中碳含量小于 0.05%、氧含量为 0.04% ~ 0.06%。

经复吹转炉冶炼的粗钢液中碳含量若为 0.04%、氧含量若为 0.05%，那么 RH/TB 的深脱碳过程一般分为三个阶段：

(1) 第一阶段是脱碳前期，钢液中的碳含量由 0.04% 降至 0.02% 左右。在此期间，钢液中的碳、氧含量比较高，因此碳氧反应激烈，喷溅严重。同时，因抽真空的时间不长，真空度仅为 1 ~ 2kPa，这可以减轻钢液的喷溅。由于钢液中的碳、氧含量比较高，它们在钢液中的扩散又不是限制性环节，因此脱碳往往为自然脱碳方式。第一阶段深脱碳的时间一般为 5min 左右。

(2) 第二阶段是脱碳中期，钢液中的碳含量由 0.02% 左右降至 0.003% 左右。在此期间，真空室的真空度可达到 0.1kPa 左右。尽管真空度提高对脱碳有促进作用，但是该阶段的脱碳速度主要受钢液中氧含量的限制。这是因为在第一阶段里脱碳反应已消耗了钢液中的氧，若想加速脱碳反应，必须补充钢液中的氧至 0.02% ~ 0.04%，因此该阶段深脱碳的措施往往采取顶吹氧强制脱碳的方法。第二阶段深脱碳的时间一般为 15 ~ 20min。

(3) 第三阶段是脱碳后期，钢液中的碳含量由 0.003% 左右降至低于 0.001%。该阶段碳氧反应速度极慢，即便再提高真空度，甚至达到 0.05kPa 的高真空度，对促进碳氧反应的作用也不太明显。此期间碳氧反应的地点已转移到钢液表面，因此不仅应采取顶吹氧强制脱碳，还应采取增加钢液与气相接触面积的措施，如向钢液表面吹氢气以及加入铁矿粉等，活跃钢液表面，增大碳氧反应的面积、降低钢液表面活性元素氧和硫的浓度，从而削弱其阻碍脱碳反应的作用。

此外在真空条件下精炼时间越长，越有利于进一步降低钢液中的碳含量。虽然真空吹氧深脱碳过程通常可划分为如上三个阶段，但是复吹转炉提供的粗钢液中的碳、氧含量不一定能满足 RH/TB 精炼工艺的要求，所以应具体情况具体分析。如果粗钢液中的碳含量偏高（>0.05%），且氧含量偏低时，那么在第一阶段真空深脱碳时就应采取顶吹氧强制脱碳措施，充分发挥顶吹氧枪的作用；如果粗钢液中碳含量很低（0.02% 左右），那么就可以不经过第一阶段的自然脱碳过程，直接从第二阶段开始脱碳。

c 炉外精炼对成分控制

（1）脱 [C]。在进行 RH/TB 处理 BH 钢时，采取轻处理和深度处理相结合的真空精炼处理方法，即钢水到 RH 真空精炼之后，先采用大泵抽真空，促进碳氧反应。之后采取进一步降低真空度，降低 CO 的分压，加强钢液循环等措施进行深度脱碳。完成脱碳脱氧任务后，再进行脱氧及微合金化。

（2）[N] 的控制。进行全程保护，防止处理过程增 [N] 是 IF 钢冶炼过程中 [N] 控制的有效手段。

（3）严格控制合金元素含量。IF 钢的碳氮含量很低，通常在钢中加入的合金元素主要为 Ti 和 Nb，Ti 和 Nb 与碳氮结合成碳氮化物，以第二相粒子的形式析出，使钢成为无间隙原子状态，提高了钢的深冲性能。但如果钢中的合金元素过多，不仅增加成本而且还使固溶的钛（或铌）量增多，再结晶温度升高，对产品的性能不利。因此冶炼时应注意适当控制合金元素的添加量，对于加钛 IF 钢，过剩钛含量以 0.02% ~0.04% 为宜；Nb + Ti 复合处理的 IF 钢，过剩铌以小于 0.02% 为宜。

D 浇铸工艺

浇铸工艺就是将炼好的钢水浇铸成钢锭的方法及技术，浇铸分为钢包到中间包和中间包到结晶器两个部分。在生产 ULC-BH 钢的浇铸中，全程保护浇铸，从钢包到中间包采用长水口浇铸，中间包到结晶器采用浸入水口浇铸。

采用全程保护浇铸技术，减少外来夹杂物的卷入。钢包长水口（内加密封圈）采用氢封保护；中间包采用中间包覆盖剂和碳化稻壳进行双层保护；中间包至结晶器钢流采用浸入式水口（内加密封圈）保护；结晶器保护渣干燥，均匀覆盖结晶器内钢水液面。

浇铸工艺技术是影响汽车板生产过程中的关键环节，最终成品钢板的表面质量与钢水浇铸控制密切相关，钢包衬砖、长水口、中间包的涂料和覆盖剂、结晶器的浸入水口和保护渣等耐火材料和渣剂均会对钢板质量产生不可避免的影响。通过优化保护浇铸技术、中间包流场模型、中间包冶金、中间包覆盖剂改型、应用无碳保护渣技术、铸坯质量分级等一系列钢坯洁净化技术，大大提高了汽车板钢的纯净度和铸坯表面质量。

浇铸工艺特点：

（1）加强开浇操作钢包开浇时，全流浇铸，液面缓慢上升从而可以减少中间包液面波动。

（2）应用开浇自动升速技术，最大限度地减少开浇时结晶器液面波动，从而可以有效地减少因为液面波动而造成的卷渣增碳及富碳层增碳。

（3）连铸时采用低碳保护渣并且改变保护渣添加制度。采用勤加、少加的添加保护渣制度，可以改善保护渣的绝热保温效果，保持稳定的液渣层厚度，避免造成混渣，在操作中应多注意非基准侧熔渣状况，保护渣的推入一定要保证非基准侧的熔渣层厚度和熔化状态。

（4）通过对中间包与钢包间耐火材料采用超低碳的 MgO 多孔绝热材料或无碳材料，长水口、塞棒和浸入式水口也改用无碳的耐火材料，从而减少从 RH 处理到中间包以及中间包到连铸过程中的增碳；在钢水浇铸时试用单流浸入式水口，达到防止钢水浇铸过程中的二次氧化。

（5）为了防止浇铸过程的钢液氧化和吸氮，采用吹氩保护以及恒速浇铸。

（6）在连铸工序设备方面结晶器通过设置液面电磁制动、电磁搅拌等手段还可继续去除及控制夹杂物，降低废品率，满足高质量钢种的性能要求。

总之，ULC-BH 钢板的冶炼工艺应保证钢的成分合格、钢质纯净，它的浇铸工艺应保证净化的钢质不受污染和得到所需的坯料形状、尺寸及其组织结构。采用先进的冶炼和浇铸技术可以控制钢的成分变化和坯料组织结构状态，缩小成品板的性能波动，提高性能的可预报性，限制内、外缺陷的产生，保证轧制过程中动态的生产和质量监控的顺利进行，获得具有优异性能和高质量的成品板。

1.7.1.2　ULC-BH 钢成分特点

超低碳烘烤硬化钢板的成分是保证钢板性能的关键。表 1-3 和表 1-4 所示为一些钢铁企业生产的 340MPa 级超低碳烘烤硬化钢板的化学成分和力学性能。ULC-BH 钢板的化学成分特征与超低碳 IF 钢相似，同样具有超低碳、超低氮、钢质纯净、合金含量低的特点。

表 1-3　超低碳烘烤硬化钢板的化学成分　　　　　　　（%）

编号	C	N	Nb	Ti	Nb/C	Ti/N	Al	Mn	P	其他
1[67]	0.002		0.015	0.01	0.97			0.2	0.07	B：0.003
2[68]	0.003		0.02		0.86			0.15	0.06	
3[68]	0.002			0.01				0.35	0.06	
3[68]	0.002		0.015		0.97			0.35	0.08	B：0.003
4[68]	0.002		0.008	0.011	0.52			1.54	0.06	
5[68]	0.005		0.03	0.003	0.78			0.18	0.07	
6[69]	0.002	0.0017	0.012	0.006	0.76	1.03	0.024	0.68	0.039	
7[70]	0.0021	0.002	0.006	0.008	0.37	1.16	0.047	0.53	0.029	Si：0.001
8[71]	0.0025		0.01	0.005	0.52			0.5	0.03	B：0.001

注：Nb/C、Ti/N 均为原子比。

表 1-4　超低碳烘烤硬化钢板的力学性能

编号	YS/MPa	UTS/MPa	EL/%	R_m/MPa	BH/MPa
1[67]	200	350	44.5	2.1	45
2[68]	195	340	39.0	2.0	45
3[68]	210	350	41.0	1.8	40

编号	YS/MPa	UTS/MPa	EL/%	R_m/MPa	BH/MPa
3[68]	200	360	45.0	2.1	45
4[68]	204	350	40.0	1.7	40
5[68]	192	360	44.0	2.3	44
6[69]	198 ~ 242	339 ~ 359	43 ~ 44	2.04 ~ 2.06	53 ~ 74
7[70]	220	340	35	1.8	
8[71]	200	350	≥36	≥1.4	≥30

A 超低碳、超低氮

超低碳、超低氮可提高钢板的塑性、韧性和深冲性能，稳定 C、N 元素所需稳定化元素 Nb、Ti 等用量显著减少，使成本下降。为了保留一定量的间隙固溶碳原子产生烘烤硬化性能，降低冶炼成本，碳含量不宜太低，通常在 0.0020% ~ 0.0030% 之间。碳含量过高，易导致自然时效现象，不利于储存。氮含量一般不大于 0.0030%。

B 稳定化元素的选择

ULC-BH 钢采用 Nb、Ti、V 作为稳定化元素稳定大部分 C 和全部 N。在生产中，根据稳定化元素的固溶、析出特性以及相应的工业生产条件选择稳定化元素。图 1-15 所示为某些元素生成化合物的可能性[72]。目前工业生产的 ULC-BH 钢有三种：Ti-ULC-BH 钢、Nb-ULC-BH 钢和 Ti + Nb-ULC-BH 钢。在炼钢期间 C、N、S 含量的控制是生产超低碳烘烤硬化钢的第一步，另一个关键的冶金过程是稳定化元素与 C、N 反应去除全部 N 和一定量的 C，并部分保留 0.001% ~ 0.002% 的固溶碳。基本反应式如下：

$$Ti + N \longrightarrow TiN \qquad (1-8)$$

$$Ti + C \longrightarrow TiC \qquad (1-9)$$

$$Nb + N \longrightarrow NbN \qquad (1-10)$$

$$Nb + C \longrightarrow NbC \qquad (1-11)$$

$$Al + N \longrightarrow AlN \tag{1-12}$$

$$Ti + S \longrightarrow TiS \tag{1-13}$$

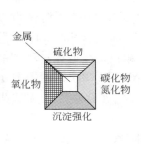

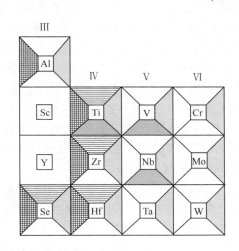

图 1-15 某些元素生成化合物的可能性

Ti 在钢中可以与 O、C、N、S 结合，形成氧化物、碳化物、氮化物、硫化物和碳硫化物，析出顺序依次为 TiN、TiS、$Ti_4C_2S_2$ 和 TiC。TiN 在连铸过程中形成，并可作为 TiS、$Ti_4C_2S_2$ 的形核位置[73,74]。如果 Mn 含量低于0.2%，则形成 TiS，另有少量的 TiC 沉淀生成。在板坯加热过程中，$Ti_4C_2S_2$ 溶解，只留下 TiN、TiS。在热轧时，当冷却到 $\gamma \rightarrow \alpha$ 转变温度时 TiS 吸收 Ti、C 从而生成 $Ti_4C_2S_2$[75]。在再加热过程中，碳硫化物重新溶解，只剩余 TiS 和 TiN。可通过减少钢中的 S 含量，以减少 TiS 的形成。由于含 Ti-ULC-BH 钢析出较复杂，且析出形式受热轧再加热温度的波动的影响较大，使得最终产品的固溶碳含量的调整变得更加困难[76,77]。所以在生产中，通常采用 Nb 处理，或 Nb、Ti 复合处理两种成分。

Nb 在 ULC-BH 钢中仅与 C、N 结合。由于 Al 和 N 结合的能力比 Nb 的强，主要用 Al 来稳定 N 生成 AlN 沉淀，用 Nb 来稳定 C 生成 NbC 沉淀[76,78]，析出形式相对简单。相对简单的 C 稳定方法使得 Nb 更适合添加到超低碳烘烤硬化钢中。根据连续退火生产线的要求，有两种固溶碳的控制方法[79~81]：第一种，Nb、C 原子比小于理想化学配比，Nb 结合部分 C。由于 Nb、C 控制精度要求较高，需要在炼钢过程中严格把关成分控制。由于间隙 C 原子始终存于后续生产加工过程中，将损害深冲性能。第二种[82]，Nb、C 原子比大于等于 1，要求冶炼后，C 完全与 Nb 结合；在随后高温退火过程中，控制冷速不小于 20℃/s，NbC 回溶产生 0.0015% ~ 0.0025% 的固溶碳可以保留下来[83]。然而 Nb-ULC-BH 钢在热轧后冷却（< 900℃）和卷取（600 ~ 750℃）过程中析出大量细小的 NbC 颗粒，在退火过程中能有效钉扎晶界运动，所以相较于 Ti 处理钢，Nb-ULC-BH 钢的需要更高的退火温度才能发生再结晶，导致许多合金化镀锌生产线无法生产Nb-ULC-BH 钢。

目前广泛研究了 Nb、Ti 复合添加成分体系，N 主要与 Ti、Al 结合，Nb 稳定部分 C，用于控制固溶碳含量。通过增加 Mn 含量和减少S 含量，可抑制生成 TiS 或 $Ti_4C_2S_2$。与 Nb-ULC-BH 钢一样，固溶碳含量也可通过上述两种方法来控制。这类钢具有良好的综合性能，包括优异的涂镀性能，而且再结晶所需的退火温度低于 Nb-ULC-BH钢板，满足绝大多数连退生产线的需要，是生产 ULC-BH 钢较理想的成分体系。

V-ULC-BH 钢正处于开发中。由于 V 属于中度碳化物形成元素，要完全稳定 C 需要更高的添加量。一般主要采用 V-Ti 成分体系。应用 Ti 来稳定 N，V 用于稳定 C。V + Ti-ULC-BH 钢具有较低的再结晶温度。相较于 TiC 和 NbC，VC 的热力学稳定性更低，所以 V-ULC-BH 钢退火时产生更高浓度的固溶碳。由于 V 和固溶碳原子有较强的亲和性，一定程度上减慢碳原子在基体内扩散速度。在固溶碳含量相同时，V 钢自然时效速度更慢一些[84]。

基于工厂的生产条件限制，选择合适的成分体系。由于 Nb + Ti-ULC-BH 钢板性能优异，且生产可控性强，受到钢铁厂家的普遍关注。

C　其他微合金元素

Si、Mn、S、N、Al、P 等非稳定化元素也对 ULC-BH 钢板的力学性能、烘烤硬化性能等产生重要的影响。

（1）Si：添加 Si 对提高深冲用高强度钢板的强度是有利的，应根据所需要的度来添加。但是，其添加量超过 1.0% 会使钢板的焊接性变差且深冲性降低。

（2）Mn：和加 Si 同样的理由，添加 Mn 可以起到提高钢的强度的作用。但是添加超过 3.0% 时，深冲性降低，为了确保更高的深冲性，确定加 Mn 量的上限为 5%。

（3）S：S 是对深冲性产生不利影响的元素，应尽量降低其含量，通常允许 0.05% 以下。为了确保更高的深冲性，S 的含量最好在 0.02% 以下。在 ULC-BH 钢中，为了减少 S 与 Ti 反应生成 TiS 和 $Ti_4C_2S_2$，影响最终固溶 C，应尽量减少 S 含量。

（4）N：N 在热轧前就被 Ti 固定，N 单独存在也无害，但是，添加太多 N 形成的 TiN 会使钢板的最大伸长率和 r 值下降。所以，也确定了 N 的上限为 0.005%。

（5）Al：Al 是为了脱氧和脱 N 而添加的，其含 0.01%，添加效果不明显，反之超过 0.20% 时，得不到与添加量相适的效果。在 Nb + Ti 的 ULC-BH 钢板中，可以用 Al 来代替 Ti 去除多余的 N。

（6）P：P 是不使 r 值降低、提高强度的最有效元素，但添加量过大会有损钢板的焊接性和增加二次冷加工脆性，所以将其上限确定为 0.20%。

1.7.2 热轧

1.7.2.1 板坯加热

板坯成型时析出的沉淀相，在热轧前的连铸坯加热过程中绝大部分溶解到基体中。由于高温加热和保温，一些偏析的元素重新均匀分布到基体中。

板坯的加热温度对于热轧板晶粒尺寸有一定影响，一般的选择范围是 1000~1250℃。对于 Ti 作用、Ti-Nb 作用或者 ULC-BH 钢，主要通过生成 TiN 固定 N 原子，一般在板坯加热过程中就开始析出，几乎不存在冶炼和连铸过程中的液析 TiN。在 Nb 作用 ULC-BH 钢中，主要依赖于生成 AlN 固定 N 原子，AlN 在热轧和高温卷取过程中析出。Ohashi 等[85]指出了板坯加热温度对 IF 钢的沉淀相固溶的影响（图 1-16）。较高温度下（1250℃），NbC 完全固溶，而 MnS 和 TiN 部分固溶。而 Ti 作用或者 Ti-Nb 复合作用 ULC-BH 钢中，所有的硫化物在 1250℃保温 1h，全部溶解，而在 1150℃只能部分固溶。

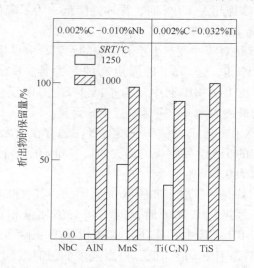

图 1-16　Nb 处理和 Ti 处理 IF 钢中，再加热温度
（SRT）对沉淀相固溶的影响

1.7.2.2　热轧板终轧温度

热轧板终轧温度需控制在 A_{r_3} 点以上，如在两相区终轧将导致的变形不均匀和组织不均匀，从而对织构和深冲性能产生不利影响。超低碳钢的 A_3 温度高于其他钢板，在 890～930℃范围内，热轧终轧温度一般最低在 900℃左右基本避免在两相区终轧。

关小军认为提高终轧温度将提高钢板的 BH 值[29]，但退火冷轧板晶粒尺寸基本不受终轧温度影响。但赵虎对 Nb + Ti 处理烘烤硬化钢进行研究认为终轧温度越高，烘烤硬化性能越低，同时发现终轧温度越低，热轧板晶粒尺寸越小，但退火板晶粒往往偏大[86]，这可能是终轧温度影响烘烤硬化性能的原因。但关小军认为终轧温度对退火板铁素体晶粒没有影响[87]。以上研究结论往往是矛盾的，需做进一步研究。

1.7.2.3 热轧板卷取温度

卷取温度对烘烤硬化性能的影响仍有不同的观点，有研究认为卷取温度对烘烤硬化增量影响不大[88]，也有研究认为卷取温度对烘烤硬化性能有一定影响[89]。卷取温度对烘烤硬化性能的影响更可能是由于不同卷取状态下第二相析出情况不同造成的。最终固溶碳含量往往受到热轧板中第二相的析出尺寸、分布范围、析出类型等较多因素影响[54]，可见卷取温度的影响因素较为复杂。较低温度下卷取析出的第二相颗粒更加细小和弥散分布，析出物间距较小，这些有利于碳化物回溶，获得较高的烘烤硬化性能。

有研究认为低温卷取导致 NbC 析出不充分[88,90~93]，析出尺寸较小，且较多的 Nb、C 处于过饱和固溶状态，在退火加热时将有 NbC进一步析出。而高温卷取时，NbC 析出较充分，析出颗粒较大。由于卷取温度影响第二相尺寸、数量和分布状态，将对退火过程中冷轧板的再结晶和晶粒长大产生影响，导致不同卷取温度的退火冷轧板晶粒尺寸和形貌有差别。根据 Van[93] 的研究，低温卷取导致退火板晶粒呈扁平状，而高温卷取对应的退火冷轧板晶粒更容易呈等轴状。关小军[27]认为低温卷取时退火板晶粒尺寸较小。可以推测，卷取温度对应的退火冷轧板组织特征，将可能对碳原子晶界偏聚产生影响。

1.7.3 冷轧

冷轧对于形成有利于退火后深冲性能的织构产生很重要的影响，但对其他性能影响很小。图 1-17[94] 显示了冷轧压下率对三种不同的IF 钢的 r 值的影响。在相同的冷轧压下率下，Nb-Ti 作用 IF 钢拥有最高的 r 值，这是因为在热轧和卷取过程中形成的沉淀相尺寸不足以大到影响 r 值。其中 90% 的压下率产生最大的 r 值，但这样的压下率很难应用于实际的生产，80% 可能更普遍一些。关小军认为[27]，当总压缩比和冷轧板厚度不变时，最佳冷轧压下率为 80%。这是因为，如果冷轧压下率太高，虽然会有利冷轧板退火再结晶和 {111} 织构的发展。但也导致热轧压下率的下降，从而使得热轧卷取板组织取向晶粒粗化和厚向各层热轧板织构差异增大，从而阻碍 {111} 织构发展。当然，如果冷轧压下率太低，也不利于退火板再结晶组织的生长。两者综合，80% 的压下率最佳。

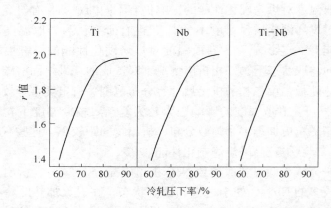

图 1-17　冷轧压下率对 Ti、Nb、Nb + Ti 作用 IF 钢的 r 值的影响

1.7.4　连续退火

目前主要应用连续退火生产线或热镀锌生产线生产超低碳烘烤硬化钢板，因为相对罩式炉这两种生产线能较好地控制加热温度和冷却速度，以控制碳化物回溶并防止回溶的碳化物冷却过程中重新析出[95~97]。在连续退火生产线上生产超低碳烘烤硬化钢的原理如图 1-18[80] 所示。

考虑到 TiC 的固溶温度高于 NbC[98]，一般不依赖 TiC 回溶获得烘烤硬化性能。目前应用最广的烘烤硬化钢板普遍应用 Nb 或者 Nb + Ti 作为稳定化元素。

通过高温退火使得 NbC 回溶分解是获得烘烤硬化性能的重要方法。对于不同 Nb/C 原子比的钢，退火温度对烘烤硬化性能的影响存在差别[90,98]。Nb/C 原子比大于 1 时，退火温度对烘烤硬化性能的影响较大。但 Nb/C 原子比小于 1 时，退火温度对烘烤硬化性能的影响

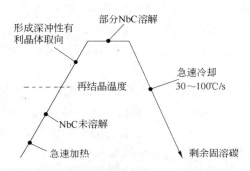

图 1-18　连续退火生产线上超低碳烘烤硬化钢板的生产原理

将变小。不同 Nb/C 原子比的钢板，冷却速度对烘烤硬化性能的影响也有差别。Nb/C 原子比越低，冷却速度对烘烤硬化性能的影响越小[90,98]。以上研究结果预示着 Nb/C 原子比对 NbC 回溶量产生了影响，Nb/C 原子比越高，退火时 NbC 回溶量越高。

　　文献［91］对热镀锌生产线中热镀锌保温温度对烘烤硬化性能的影响进行了研究。钢板在 870℃ 高温加热过程中 NbC 回溶，快速冷却使 C 保持处于固溶状态。在 700～800℃ 保温时有 NbC 析出导致烘烤硬化性能下降。在 300℃ 保温时，烘烤硬化性能也略有下降，可能是生成 Fe_3C 的缘故。在 400～600℃ 正常的范围内保温，烘烤硬化性能基本不受影响。由此可见，这种钢既适合于连退生产线，也适用于热镀锌生产线。

　　退火过程中 NbC 回溶和重新析出不仅和退火温度[99]、冷却速度[80]、热镀锌温度[86]等因素有关，也与成分[99]、热轧板卷取工艺[89,99]等因素有关。为了连续退火过程中更好的控制 NbC 的回溶和析出行为，以期稳定化控制固溶碳含量，需要在该方面进行更加深入的研究。

1.7.5　平整

　　平整是薄板生产工艺最后一步，主要目的是矫正板型，也可以去除冷轧退火板的屈服平台。在生产烘烤硬化钢过程中，平整扮演了更加重要的角色。平整对超低碳烘烤硬化钢的烘烤硬化性能有重要的影响。Lee 和 Zuidema[100]指出将铝镇静钢板平整伸长率从 1% 增加到 5% 将导致 *BH* 值从 60MPa 减小到 45MPa，因为这将导致在烘烤过程中位错应力场的应力松弛现象，这与 Low 和 Gensamer[101]的研究结论是一致的。

　　Bleck 等[102]研究发现在生产热镀锌超低碳烘烤硬化钢时，平整伸长率达到 0.5% 以后，随平整伸长率的继续增加，BH_2 值（对应的预应变为 2%）一直是恒定不变的，如图 1-19 所示。然而当平整伸长率超过 1.5% 以后，BH_0（对应的预应变为零）值将减小。可能是由于经平整处理和预应变处理后位错密度不同造成的。程国平、王利[103]认为平整率控制在 1% ~2% 可保证罩式退火生产的 BH 钢板获得最佳的烘烤硬化性能。

　　平整对烘烤硬化性能的影响机理仍是不清晰的，仍需要做进一步的深入研究。

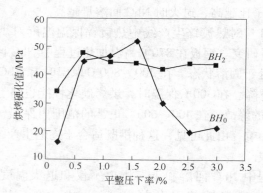

图 1-19　平整压下率对 BH_0 和 BH_2 的影响

（BH_0 和 BH_2 表示烘烤前预应变为零和 2% 的拉伸试样对应的烘烤硬化值）

2 热力学计算主要元素 固溶量随温度的变化

2.1 概述

合理的成分控制是确保获得理想超低碳烘烤硬化性能的基础。烘烤硬化性能稳定化控制是生产 ULC-BH 钢的核心问题，而固溶碳含量是决定钢板烘烤硬化性能的最关键因素。Nb + Ti 处理的 ULC-BH 钢中 Nb、Ti、Al 作为稳定化元素均与 C、N 反应生成 M(C,N) 相、AlN 相析出。C、N、Nb、Ti、Al 含量的变化均可能对基体内的固溶碳含量产生重要影响。本章在前人研究的基础上，在 ULC-BH 钢合理的成分变化范围内，应用 Thermo-Calc 热力学软件探讨了 C、N、Nb、Ti、Al 含量对奥氏体区 C、N、Nb、Ti、Al 等固溶含量的影响，并进一步探讨了铁素体区 C、N、Nb、Ti、Al 含量对 C、Nb 固溶含量的影响，从中找到影响较大的元素，为从成分设计角度稳定化控制基体内的固溶碳含量提供参考。

2.2 应用 Thermo-Calc 对 ULC-BH 钢板固溶析出行为进行理论分析

应用 Thermo-Calc 热力学计算软件和相应的铁基数据库对本书研究的 ULC-BH 钢板在热力学平衡条件下析出和固溶规律进行分析推测，同时计算各个平衡相随温度的变化情况和平衡相的组成成分。

参考大量文献报道的成分体系[63~67]，综合考虑各元素含量的作用，设计出 ULC-BH 钢板的基本成分（质量分数）：0.0025% C-0.003% N-0.01% Ti-0.3% Mn-0.005% S-0.01% Nb-0.04% Al。该成分 Ti/N 原子比约等于 1，期望 N 全部与 Ti、Al 结合、Nb 主要与 C 结合，残留少量固溶碳提高钢板的烘烤硬化性能。

2.2.1　相变温度 A_1 和 A_3 点的确定

应用 Thermo-Calc 热力学软件计算 ULC-BH 钢的相变温度 A_3 点。计算结果显示设计成分的奥氏体向铁素体转变的温度 A_3 点温度为 903℃，奥氏体向铁素体转变完成温度 A_1 点为 873℃，如图 2-1 所示。根据计算结果，可确定奥氏体和铁素体区的温度范围。

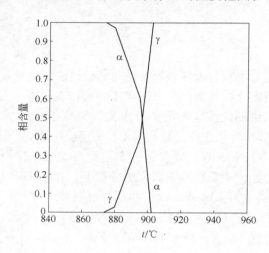

图 2-1　ULC-BH 钢板的相变过程

2.2.2　奥氏体相区的固溶和析出行为

2.2.2.1　析出相类型

ULC-BH 钢板的设计成分为（质量分数）：0.0025% C-0.003% N-0.01% Ti-0.3% Mn-0.005% S-0.01% Nb-0.04% Al。应用 Thermo-Calc 热力学软件计算第二相析出情况，如图 2-2 所示。

从图 2-2 中可以看出：（1）在 910~1300℃ 温度范围内，只存在 (Ti,Nb)(C,N)、MnS 两种析出物。(Ti,Nb)(C,N) 和 MnS 在高温下就开始析出，MnS 在 950℃ 左右几乎完全析出，说明 S 元素已经完全析出。（2）对设计成分的计算并没有发现 AlN 和含 Ti 钢中常见

的 $Ti_4C_2S_2$。

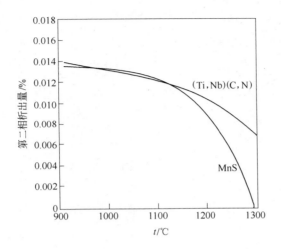

图 2-2 第二相析出量随温度的变化

A 是否析出 TiS 和 $Ti_4C_2S_2$

根据文献报道[104~107]，增加 Ti 含量、S 含量或者减小 Mn 含量可以促进 TiS 和 $Ti_4C_2S_2$ 的生成。分别计算 Ti 含量增加到 0.02%、S 含量增加到 0.01% 或 Mn 含量减小到 0.1% 时钢中析出相的变化，计算结果如图 2-3 ~ 图 2-7 所示。均没有生成 TiS 和 $Ti_4C_2S_2$。4.3.1 小节中有关不同 Ti/N 原子比钢板的物理化学相分析实验结果也未发现 TiS 和 $Ti_4C_2S_2$，可见在所研究的成分变化范围不会析出 TiS 和 $Ti_4C_2S_2$。

B 奥氏体区是否析出 AlN

考虑到设计成分中 Ti/N 原子比约等于 1，N 几乎全部与 Ti 反应生成 TiN，在奥氏体相区没有 AlN 析出。可以想象增加 N 含量或者减少 Ti 含量均可能促使较多的 N 和 Al 结合生成 AlN。分别计算 N 含量增加到 0.004%、Ti 含量减少到 0.005% 时钢中析出相的变化，发现奥氏体相区均出现 AlN 沉淀，可见当 Ti/N 原子比小于 1 时析出 AlN，且析出温度高于 A_3 点。

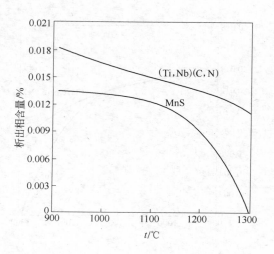

图 2-3　Ti 含量为 0.02%、其他元素含量为
设计成分时，析出相含量随温度的变化

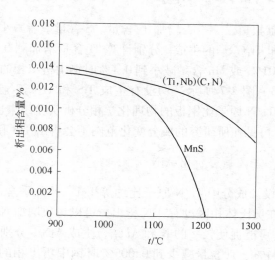

图 2-4　Mn 含量为 0.1%、其他元素含量为
设计成分时，析出相含量随温度的变化

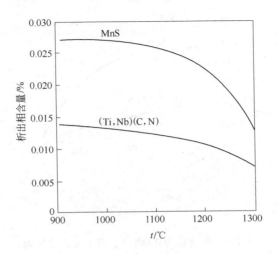

图 2-5 S 含量为 0.01%、其他元素含量为
设计成分时，析出相含量随温度的变化

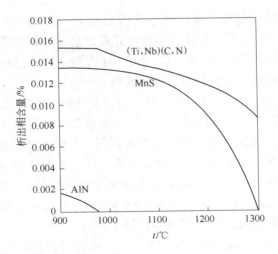

图 2-6 N 含量为 0.004%、其他元素含量为
设计成分时，析出相含量随温度的变化

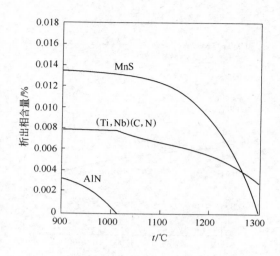

图 2-7　Ti 含量为 0.005%、其他元素含量为
设计成分时，析出相含量随温度的变化

2.2.2.2　温度、成分变化对奥氏体中固溶元素含量的影响

由上述计算可知，奥氏体中的析出相为(Ti,Nb)(C,N)、MnS、AlN 三种析出相，影响奥氏体中固溶元素含量并对钢板最终固溶碳含量产生影响的为钢中 C、N、Ti、Nb、Al 含量，这里讨论这五个元素的变化对奥氏体中固溶元素含量的影响。

图 2-8 为奥氏体中 C、N、Nb、Ti、Al_s 的固溶量随温度的变化。奥氏体中固溶的 N、Ti 随着温度下降显著降低，固溶碳含量几乎不随着温度而发生变化，固溶铌含量略有降低。当温度降低至 1000℃ 时，奥氏体中的 N 也只剩下 0.00018% 左右，Ti 也只剩下 0.0002% 左右。当温度降低至 950℃ 时，N 也只剩下 0.00014% 左右，Ti 也只剩下 0.00009% 左右。由于 Ti/N 原子比约等于 1，N 几乎全部与 Ti 结合，由于没有 AlN 生成，Al 含量基本保持不变。

奥氏体区主要成分 C、N、Nb、Ti、Al 含量变化必然对铁素体区主要成分的固溶含量产生影响。从图 2-9 ~ 图 2-12 热力学计算结果可以得到 ULC-BH 钢中主要元素 C、N、Nb、Ti、Al 含量的变化对不同

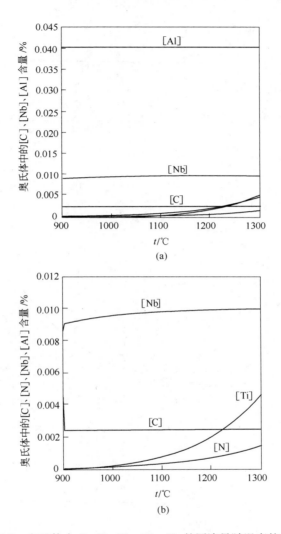

图 2-8 奥氏体中 C、N、Nb、Ti、Al$_s$ 的固溶量随温度的变化
（（b）为（a）的局部放大）

温度下奥氏体平衡成分的影响：

（1）钢中 C 含量由 0.002% 增至 0.04%，奥氏体中固溶 C 含量几乎是同等幅度地增加，对固溶 Nb、N、Ti 含量影响很小，如图 2-9 所示。

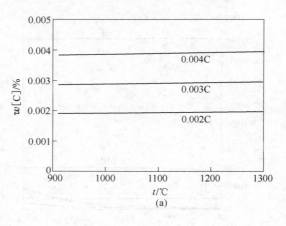

(a)

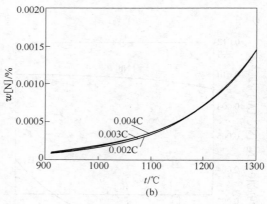

(b)

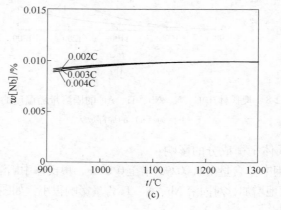

(c)

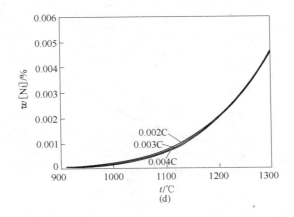

图 2-9 钢中 C 含量对奥氏体区固溶 C(a)、N(b)、Nb(c)、Ti(d) 含量的影响

（2）钢中 Nb 含量由 0.005% 增至 0.015%，奥氏体中固溶 Nb 含量几乎是同等幅度地增加，对固溶 C、N、Ti 含量影响很小，如图 2-10 所示。

（3）钢中总 N 含量由 0.002% 增加至 0.004%，固溶 N 含量增加，固溶 C 含量略有增加；固溶 Nb、Ti 含量明显减小，固溶 Al 含量略有减小，如图 2-11 所示。

（4）钢中总 Ti 含量降低，奥氏体中固溶 C、N 增加，固溶 Nb、Ti 含量降低，固溶 Al 含量变化不明显，如图 2-12 所示。

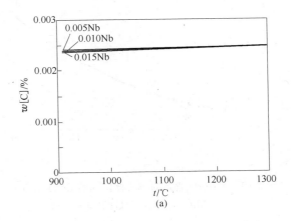

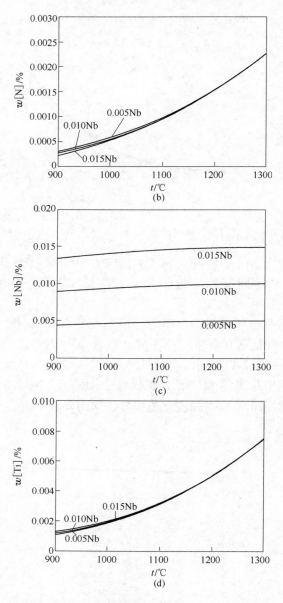

图 2-10 钢中 Nb 含量对奥氏体区固溶 C(a)、N(b)、
Nb(c)、Ti(d)含量的影响

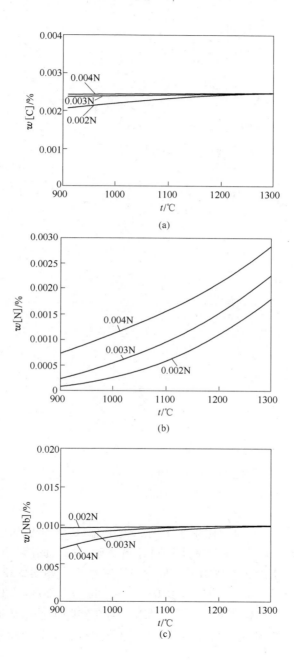

(a)

(b)

(c)

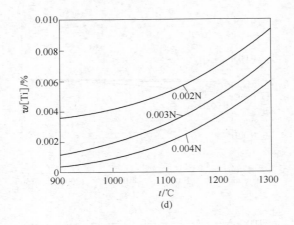

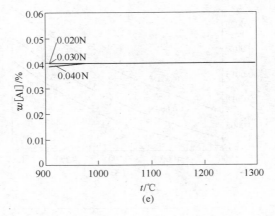

图 2-11　钢中 N 含量对固溶 C(a)、N(b)、
Nb(c)、Ti(d)、Al(e)含量的影响

（5）在 Ti/N 原子比小于 1 时，钢中总 Al 含量从 0.02% 增加至
0.04%，奥氏体中 Al 含量几乎同等幅度地增加，固溶 Nb 含量升高，
固溶 N 含量下降，对固溶 C、Ti 含量影响很小，如图 2-13 所示。

在基准成分中，$w(Ti) = 0.01\%$、$w(N) = 0.003\%$，Ti/N 原子比
约为 1，在奥氏体相区不会析出 AlN。但在实际钢铁冶炼时，很难将
Ti/N 原子比控制在 1 左右。当 Ti/N 原子比小于 1 时，将析出 AlN 沉

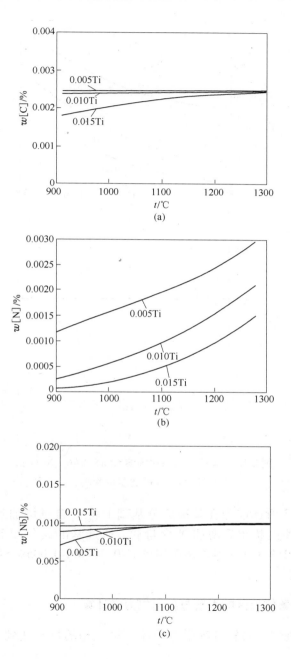

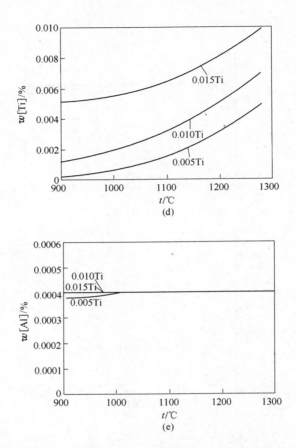

图 2-12   钢中 Ti 含量对固溶 C(a)、N(b)、Nb(c)、
Ti(d)、Al(e)含量的影响

淀。图 2-13 所选成分在基准成分基础上将 N 含量增加到 0.004%，促进了 AlN 的析出。增加 N 含量后，所选基准成分如下（质量分数）：0.0025% C-0.004% N-0.01% Ti-0.3% Mn-0.005% S-0.01% Nb-0.04% Al。

2.2.3   铁素体相区的固溶与析出热力学计算

可合理假设热轧过程中奥氏体中第二相的析出达到了在 910 ~

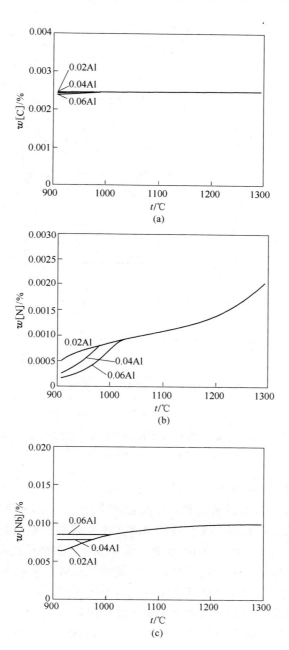

(a)

(b)

(c)

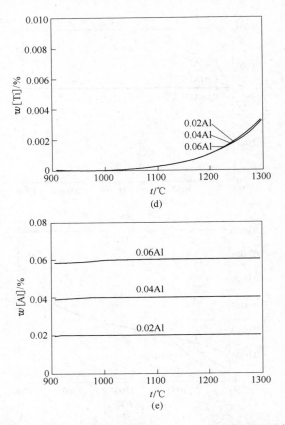

图 2-13　钢中 Al 含量对固溶 C(a)、N(b)、Nb(c)、Ti(d)、Al(e)含量的影响
($w[N] = 0.004\%$)

1000℃某温度下的平衡态，然后在该温度下固溶的 C、Nb、Ti、N、Al 在后续的卷取和退火过程发生析出和固溶。图 2-14 表明在铁素体相区主要析出(Ti,Nb)(C,N)和 AlN。计算结果显示会析出石墨碳，在这与实际不符。由图 2-14 可见，如析出石墨碳将导致固溶碳消失，烘烤硬化性能将不复存在，这是不可能的。在后文第 4 章也特别讨论了这个问题，证明了 ULC-BH 钢并无石墨碳析出。

　　上述元素经过热轧过程中在奥氏体析出后，在铁素体区各元素的变化范围考虑如下（质量分数）：C = 0.0015% ~ 0.004%；N <

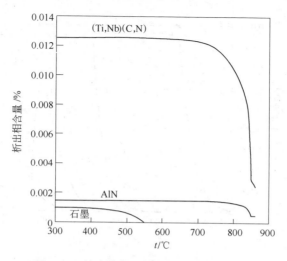

图 2-14 铁素体相区内析出相随温度变化

0. 0012%；Nb < 0. 015%；Ti < 0. 005%；Al 为钢中的原始含量。

以铁素体区的典型成分（质量分数）：0. 0025% C-0. 01% Nb-
0. 0012% Ti-0. 00025% N（根据奥氏体区计算结果选择）-0. 04% Al 为例，
考察各元素含量的变化对于钢中固溶碳含量的影响，如图 2-15 所示。

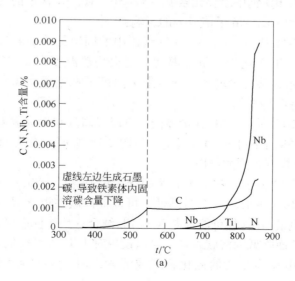

(a)

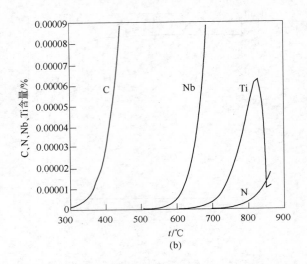

图 2-15　铁素体内，温度变化对 C、N、Nb、Ti 固溶量的影响

((b) 为 (a) 的局部放大图)

　　铁素体区主要成分 C、N、Nb、Ti、Al 含量变化必然对铁素体区 C、Nb 的固溶含量产生影响。从图 2-16 ~ 图 2-19 热力学计算结果可以得到 ULC-BH 钢中主要元素 C、N、Nb、Ti、Al 含量的变化对不同温度下铁素体 C、Nb 平衡成分的影响：

　　如图 2-15 所示，C、Nb 在铁素体中的固溶量均随着温度下降而显著下降，Nb 碳化物的析出温度从退火均热温度在 650℃ 左右。如图 2-16 所示，碳含量增加，导致退火温度下和室温平衡条件下固溶碳含量水平明显增加。

　　如图 2-17 所示，Nb 含量降低，可以提高碳在退火温度下的固溶量和室温平衡条件下的固溶碳量。如图 2-18 所示，降低 Ti 含量与降低 Nb 含量具有相同的作用。

　　如图 2-19 所示，铁素体中 N 的变化对固溶 C、Nb 影响很小。

　　如图 2-20 所示，Al 含量降低，可以提高碳在退火温度下的固溶含量。较高的 Al 含量可能抑制 N 与 Nb 结合，从而促进更多的 Nb 与 C 结合，从而降低固溶碳含量。可以设想对于 Ti 含量较低的 ULC-BH 钢，Al、Nb 作为主要的氮化物形成元素，Al 含量的影响可能增大

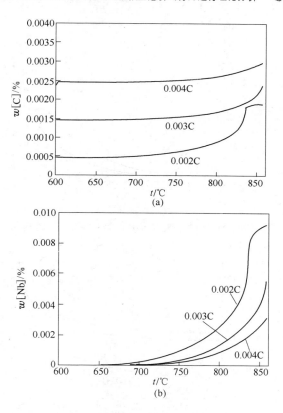

图 2-16 初始 C 含量对铁素体中固溶 C(a)、Nb(b) 含量的影响

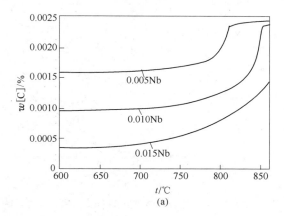

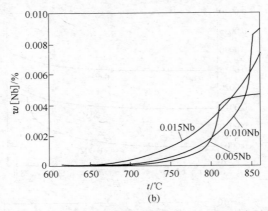

图 2-17 初始 Nb 含量对铁素体中固溶 C(a)、Nb(b)含量的影响

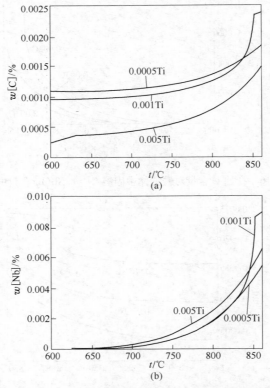

图 2-18 初始 Ti 含量对铁素体中固溶 C(a)、Nb(b)含量的影响

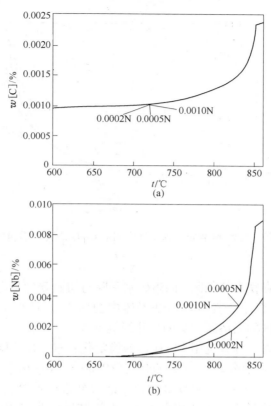

图 2-19 初始 N 含量对铁素体中固溶 C(a)、Nb(b) 含量的影响

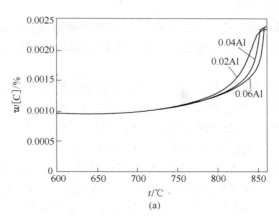

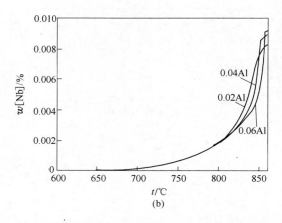

图 2-20　初始 Al 含量对铁素体中固溶 C(a)、Nb(b) 含量的影响

一些。

　　所以，在铁素体相区，固溶碳水平除与初始碳含量有关外，还主要由 Nb、Ti 含量来控制。当铁素体中初始 Ti 含量小于 0.002% 时，它对铁素体区的固溶碳含量的变化影响不大。

　　前文热力学计算选用 Nb-Ti 作为稳定化元素，以 ULC-BH 钢板的设计成分（质量分数）（0.0025% C-0.003% N-0.01% Ti-0.3% Mn-0.005% S-0.01% Nb-0.04% Al）为基准成分进行计算。由于 Ti 含量较低（设计含量不大于 0.01%），热力学结果表明 $Ti_4S_2C_2$ 析出量为零。计算结果表明：

　　（1）ULC-BH 钢中总碳含量是控制钢中固溶碳含量的关键因素。在其他元素含量不变的情形下，钢中总碳含量增加引起固溶碳含量的等幅度增加。

　　（2）ULC-BH 钢中总 Ti、N 含量的变化对低温奥氏体中的固溶碳含量影响不大，但会影响到奥氏体中固溶 N、Nb、Ti 的变化。当 Ti/N 比值降低时，奥氏体中固溶 N 含量增加，固溶 Nb、Ti 含量降低；剩余的 Nb、Ti 在相变时或铁素体相区进一步固定碳原子。很显然，在钢中碳含量一定时，低的 Ti/N 比值有利于获得较高的固溶碳含量。因此，在 ULC-BH 钢中采用的 Ti/N 小于或接近理想配比。

　　（3）在 ULC-BH 钢中 Ti/N 比值小于或接近理想配比的条件下，

钢中的固溶碳含量由稳定化元素 Nb 单独控制，即在钢中总碳含量一定时，Nb 含量的多少决定钢中最终固溶碳含量的水平。Nb 含量越高，固溶碳含量越低。

（4）减小 Al 含量也能在一定程度上增加固溶碳含量。

（5）Ti 含量从 0.01% 增加到 0.02%、S 含量从 0.005% 增加到 0.01%、Mn 含量从 0.3% 减小到 0.1%，均未析出 TiS 和 $Ti_4C_2S_2$。

3 成分和工艺参数对烘烤 硬化性能的影响

3.1 概述

目前国内一些大企业已经商业化生产 ULC-BH 钢板，由于技术原因，烘烤硬化性能的稳定性仍然需要进一步改善，这就需要从成分控制和生产工艺等多方面解决问题。根据第 2 章分析，Nb、Ti、C、N 含量的变化对固溶碳含量有重要的影响。在热轧、卷取、连续退火、平整过程中第二相的析出和固溶、碳原子的晶界偏聚、位错被碳原子钉扎和解钉等均会显著影响钢板的有效固溶碳含量。本章首先通过热膨胀实验测量了 Nb + Ti-ULC-BH 钢的相变温度，为制定热轧和退火工艺提供参考；着重分析成分、热轧、退火、平整工艺对 BH_2 值的影响，希望能为 ULC-BH 钢板的生产提供一定的参考。

3.2 实验材料和方法

3.2.1 实验钢化学成分

参照目前国内外文献的 ULC-BH 钢的冶炼经验[67~71]，基于第 2 章 Nb、Ti、C、N、Al 等重要元素的变化对固溶碳含量的影响规律，制定了实验钢的目标成分（质量分数）：C = 0.002% ~ 0.003%，N < 0.004%，Nb < 0.012%，Ti < 0.015%，Nb/C 原子比为 0.4 ~ 0.8，Ti/N 原子比不大于 1，P = 0.03% ~ 0.06%，Mn ≤ 0.6%，Al_s = 0.03% ~ 0.05%，Si ≤ 0.04%，S ≤ 0.006%。

冶炼分七批进行，为了研究成分对 ULC-BH 钢烘烤硬化性能的影响，共冶炼 34 炉钢。抛掉严重不合格或重复成分的钢锭，选择 19 炉钢进行研究，去帽口钢锭的化学成分见表 3-1。其中各个元素含量范围约为（质量分数）：0.002% ~ 0.005% C、0.006% ~ 0.02% Nb、0.0028% ~ 0.0042% N、0.001% ~ 0.017% Ti、0.028% ~ 0.083% P、0.21% ~ 0.32% Mn、0.01% ~ 0.038% Si、0.0041% ~ 0.0054% S、0.0064% ~ 0.083 Al_s 等。Nb/C 原子比范围为 0.3 ~ 1.0，Ti/N 原子比范围为 0.1 ~ 1.8。假设 Nb、Ti 完全稳定 C、N 生成 M(C,N)后，计算剩余的未稳定化的碳含量 $w(C)_{unstable} = w(C)_{total} - w(C)_{stable}$。其中 $w(C)_{total}$ 为实验钢总碳含量；$w(C)_{stable}$ 为 Nb、Ti 充分析出时所固定的碳含量。

表 3-1　ULC-BH 实验钢的主要化学成分　　　(%)

序 号	$w(C)$	$w(N)$	$w(Nb)$	$w(Ti)$	$w(Al_s)$	$w(C)_{unstable}$
1	0.0019	0.0031	0.014	0.012	0.068	0
2	0.0019	0.0033	0.013	0.011	0.024	0.0003
3	0.0019	0.0032	0.012	0.0072	0.0064	0.0004
4	0.0038	0.0028	0.012	0.017	0.027	0.0004
5	0.0020	0.0032	0.012	0.011	0.056	0.0004
6	0.0023	0.0035	0.008	0.014	0.083	0.0006
7	0.0020	0.0031	0.0094	0.0076	0.003	0.0008
8	0.0029	0.0026	0.0160	0.0061	0.013	0.0008
9	0.0024	0.0042	0.011	0.011	0.007	0.0010
10	0.0023	0.0039	0.010	0.010	0.019	0.0010
11	0.0039	0.0036	0.020	0.013	0.013	0.0011
12	0.0033	0.0041	0.019	0.006	0.011	0.0014
13	0.0030	0.0041	0.012	0.012	0.015	0.0014
14	0.0024	0.0033	0.008	0.001	0.029	0.0014
15	0.0027	0.0028	0.006	0.0006	0.05	0.0019
16	0.0036	0.0033	0.012	0.017	0.009	0.0021
17	0.0053	0.0028	0.020	0.001	0.003	0.0027
18	0.0030	0.0041	0.007	0.016	0.027	0.0016
19	0.0036	0.0029	0.01	0.005	0.003	0.0023

一般来讲，氮化物的析出温度明显大于碳化物析出温度，Ti、Al、Nb、C、N 之间的化学反应式为：Ti + N→TiN；Al + N→AlN；Nb + C→NbC；Ti + C→TiC。当 Ti/N 原子比小于等于 1 时，N 主要与 Ti、Al 结合，C 主要与 Nb 结合，未参与反应剩余的未稳定化碳含量为：

$$w(C)_{unstable} = w(C)_{total} - \frac{12.011w(Nb)}{92.9064} \tag{3-1}$$

当 Ti/N 原子比大于 1 时，N 主要与 Ti 结合，C 与 Ti、Nb 结合，未稳定化碳含量为：

$$w(C)_{unstable} = w(C)_{total} - \frac{12.011w(Ti)}{47.9} -$$

$$\frac{12.011w(Nb)}{92.9064} + \frac{12.011w(N)}{14.0067} \tag{3-2}$$

在生产工艺相同时，固溶碳往往随未稳定化碳含量升高而升高。在生产工艺确定时，找到未稳定化碳含量和烘烤硬化值的对应关系，可以得到不同工艺下未稳定化碳含量和烘烤硬化值的对应关系。在生产过程中，根据冶炼成分计算未稳定化碳含量的大小，并据此调节生产工艺以生产出性能稳定的烘烤硬化钢板。

3.2.2　实验钢生产工艺流程

参考合作钢厂现有的生产工艺条件，并结合实验室的具体实验条件，本章采取了图 3-1 所示的实验工艺流程。

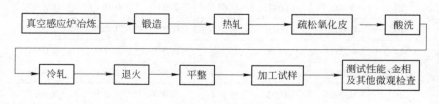

图 3-1　实验钢生产工艺流程

大部分钢板在热轧、卷取、盐浴退火或者连续退火等生产中均采用的基准工艺参数。少数钢板需要改变基准工艺某一参数，以获得所需的性能。当某一工艺参数改变时，其他参数均采用基准工艺参数。基准工艺参数如下：

（1）热轧。终轧温度 910℃，卷取温度 710℃。

（2）冷轧。压下率 80%。

（3）连续退火（图 3-2）。$T_1 = 830℃$；$T_2 = 660℃$；$v_1 = v_2 = 50℃/s$；$T_3 = 400℃$；$v_3 = 15℃/s$。

（4）平整。伸长率为 1% ~ 1.5%。

以下为详细的实验钢生产工艺过程。

3.2.2.1 冶炼与锻造

在 50kg 和 20kg 真空感应炉冶炼，得到的钢锭经过车床加工处理，除掉氧化皮和缺陷，经过热锻成坯，锻造工艺参数为：均热 1200℃、保温 3h 充分均匀化。开锻温度为 1150℃，终轧温度大于 900℃。

锻坯尺寸根据钢锭大小和热轧工艺方案而定，具体尺寸为 115mm × 150mm × 37mm。锻造后毛坯打磨掉表面氧化皮和缺陷，以保证热轧板质量，最终尺寸为 115mm × 150mm × 35mm。

3.2.2.2 热轧与冷轧

热轧坯料经过电炉加热处理，在 1200℃均热 30min。坯料从炉中取出后迅速在 ϕ300 的实验热轧机开始轧制，经过 5 道次轧制所需尺寸的热轧板，按方案要求严格控制终轧温度和压下量，见表 3-2。待温度降到方案要求的卷取温度，保温 1h 后随炉冷却到室温，以模拟生产现场的卷取工艺。冷却后的热轧板经疏松氧化皮、酸洗、焊接引带后，经 ϕ300mm 的四辊轧机带张力轧成冷轧板。

表 3-2 热轧轧制工

道　次	原始厚度	一道	二道	三道	四道	五道
压前板厚/mm	35.0	23.3	15.0	9.5	6.0	4
压下量/mm		11.7	8.3	5.5	3.0	2.0
压下率/%		33	36	37	32	33
轧制方向		横向	纵向	纵向	纵向	纵向

3.2.2.3 模拟连续退火

试验 ULC-BH 冷轧板在连续退火热模拟机上模拟退火温度 T_1、缓冷段冷速 v_1、快冷段冷速 v_2、过时效温度 T_3、过时效后冷速 v_3 等对烘烤硬化性能的影响，如图 3-2 所示。

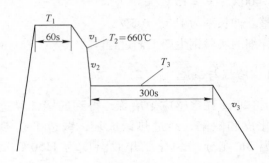

图 3-2　连续退火工艺

3.2.2.4 平整

平整作为重要的薄板生产工艺，不仅可校正板型，也可以消除 Cottrell 气团，使自由碳原子从位错钉扎中释放出来，从而消除不连续屈服现象（在第 4 章重点讨论）。平整实验应用 $\phi325 \times 400mm$ 直拉式可逆冷轧机，利用液压缸施加张力，应用计算机精密控制辊缝。将长 220mm、宽 150mm 的退火板沿原冷轧方向放入冷轧机中模拟平整，平整伸长率为 $1\% \sim 1.5\%$。平整伸长率计算方法如图 3-3 所示。

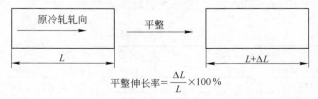

$$平整伸长率 = \frac{\Delta L}{L} \times 100\%$$

图 3-3　平整伸长率的计算方法

模拟平整所用冷轧机如图3-4所示。

图3-4 模拟平整所用冷轧机

3.2.3 ULC-BH 钢烘烤硬化值测量

测量烘烤硬化性能是模拟汽车生产的烤漆过程。汽车钢板经冲压成型以后，在以 $150 \sim 200℃$ 的温度烤漆后发生应变时效，从而产生烘烤硬化。

测量烘烤硬化值（BH_2）时，首先需要进行预拉伸处理。在 WE-300 型拉伸实验机上，对试样进行 2% 的预拉伸，同时测得该预应变对应的 $R_{t2.0}$。烘烤硬化拉伸试样尺寸如图3-5所示。

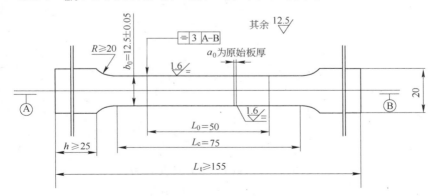

图3-5 拉伸试样尺寸

　　将预应变量为 2% 的试样放入油浴炉中，在（170 ± 2）℃下保温
（20 ± 0.5）min。测量油浴温度所用温度计分辨率低于 0.5℃。加热完
成后将试样取出空冷至室温。烘烤硬化值为试样经加热处理后钢板的
下屈服强度或者非比例延伸 0.2%（无明显屈服时）对应的屈服强度
与烘烤前相同试样 2% 预应变对应的屈服强度的差值[108]。测量烘烤
硬化值严格参照国家标准 GB/T 20564.1—2007 进行。

　　BH_2 值的计算示意图如图 3-6 所示，计算公式如下：

$$BH_2 = R_{eL}（或 R_{p0.2}）（烘烤后）- R_{t2.0}（烘烤前）$$

其中：
$$R_{t2.0} = F_{t2.0}/A_0$$

$$R_{p0.2} = F_{p2.0}/A_1$$

$$R_{eL} = F_{eL}/A_1$$

式中　$F_{t2.0}$ ——试样拉伸变形至总伸长率为 2% 时的拉伸力，N；

　　　$F_{p0.2}$ ——热处理后的试样非比例延伸为 0.2% 时的拉伸力（无
　　　　　　明显屈服时），N；

　　　F_{eL} ——热处理后的试样出现年下屈服时的拉伸力，N；

　　　A_0 ——试样原始截面积，mm^2；

　　　A_1 ——2% 预应变时的试样截面积，mm^2。

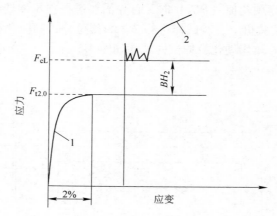

图 3-6　烘烤硬化值 BH_2 计算示意图

1—2% 预应变的应力-应变曲线；

2—同一试样烘烤后的应力-应变曲线

3.2.4 测量相变点

为了制定合适的热轧工艺和连退工艺，通过热膨胀实验实测 ULC-BH 钢的相变温度。由于成分可能对相变温度产生影响，选取成分相差较大的 3 号、4 号、11 号钢锻坯，从中取 $\phi3mm \times 10mm$ 的圆棒样，采用 Formastor-Digital 全自动膨胀仪测相变转变温度。按照国家标准 GB 5056—1985 的规定[109]，膨胀法测钢的临界点。测量结果和 Thermo-Calc 软件计算结果见表 3-3。

表 3-3 ULC-BH 钢的相变点   （℃）

ULC-BH 钢	实验测量值				计算值	
	A_{c_1}	A_{c_3}	A_{r_1}	A_{r_3}	A_1	A_3
3	880	940	815	870	882	918
11	880	955	840	905	870	923
4	880	945	835	880	878	922

为了保证在奥氏体相区终轧，选择的终轧温度略高于 A_{r_3} 的测量值。考虑到这三炉钢的 A_{r_3} 都在 900℃附近，因此终轧温度选择在 910℃以上是合适的。这三炉钢 A_{c_1} 均为 880℃，连续退火温度选在 870℃以下较为合适。考虑到高温连续退火（>850℃）将对退火板的板型产生不利影响，因此退火温度最好不高于 850℃。

选取表 3-1 的成分研究成分、终轧温度、卷取温度、连续退火制度、平整等工艺参数对烘烤硬化性能的影响。其中，研究终轧温度、卷取温度所采用的退火工艺为 830℃×60s，去掉连续退火常用的过时效段，退火后直接以 50℃/s 冷却到室温，目的是减少影响因素，防止所研究的问题复杂化。

模拟连续退火时，改变某一工艺参数，其他参数仍采用基准工艺参数（见 3.2.2 节）。模拟平整所用的实验钢板均采用基准工艺参数轧制和退火（见 3.2.2 节）。

3.3　实验结果和分析

3.3.1　成分对 BH_2 值的影响

选取表 3-1 中 1、2、5、6、7、8、9、10、13、16、17 号成分的钢板，按基准工艺模拟连续退火。通过试验得到其未稳定化碳含量与 BH_2 值的关系，如图 3-7 所示。图 3-7 证明未稳定化碳含量 $w(C)_{unstable}$ 和 BH_2 值符合线性关系，可用下式表示：

$$BH_2 = 1.74 \times w(C)_{unstable} + 7.64 \qquad (3-3)$$

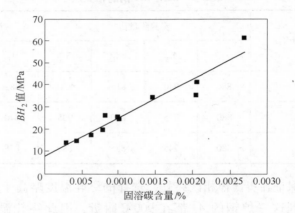

图 3-7　固溶碳计算值和 BH_2 值的关系

从图 3-7 中看出：随未稳定化碳含量增加，BH_2 值逐渐增大。未稳定化碳含量计算值控制在 0.0013% ~ 0.0024% 时，基本保证在 830℃退火时，BH_2 值控制在 30 ~ 50MPa。这种对应关系的建立，为实际生产提供了重要的参考。随成分变化，通过计算得到的未稳定化碳含量和基体内的固溶碳含量的变化趋势基本是一致的。固溶碳含量不但与成分有关，也会受到工艺参数的影响，找出未稳定化碳含量和 BH_2 值在不同工艺条件下的对应关系，可使烘烤硬化钢的烘烤硬化性能更具可控性。

从检测结果也可看出，当未稳定化碳含量为零时，仍会有 7 ~ 8MPa 的烘烤硬化性能，可见钢中的固溶碳含量除包括未稳定化的碳

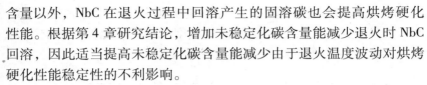

含量以外，NbC 在退火过程中回溶产生的固溶碳也会提高烘烤硬化性能。根据第 4 章研究结论，增加未稳定化碳含量能减少退火时 NbC 回溶，因此适当提高未稳定化碳含量能减少由于退火温度波动对烘烤硬化性能稳定性的不利影响。

一般来讲，氮化物的析出温度明显大于碳化物析出温度，Ti、Al、Nb、C、N 之间的化学反应式为：Ti + N→TiN；Al + N→AlN；Nb + C→NbC；Ti + C→TiC。当 Ti/N 原子比小于等于 1 时，N 主要与 Ti、Al 结合，C 主要与 Nb 结合，未参与反应剩余的未稳定化碳含量计算方法见式（3-1）和式（3-2）。

可通过调节 C、Nb 或 Ti 含量来调节未稳定化碳含量：（1）调节总碳含量。显然在其他成分不变时，总碳含量越高，未稳定化碳含量越高。（2）调节 Nb 含量。总 Nb 含量越低，生成的 NbC 量越小，剩余的未稳定化碳含量越高。（3）考虑到 Ti/N 原子比往往小于 1，N 除与 Ti 结合外，也会与 Al 结合，因此 Ti 的影响不大。但当冶炼成分中 Ti/N 原子比大于 1 时，Ti 会与 Nb 有相似的影响。

在实际生产中，通过减少 Nb、Ti 含量或者增加碳含量不仅会增加钢板的烘烤硬化性能，也会增加烘烤硬化性能的稳定性。

3.3.2 生产工艺的影响

3.3.2.1 热轧工艺参数的影响

考虑到终轧和卷取过程中发生了奥氏体再结晶和 M(C,N) 等第二相析出等过程。晶粒尺寸、第二相析出尺寸、析出量均可能对最终的固溶碳含量产生重要的影响，因此本节研究终轧温度和卷取温度对烘烤硬化性能的影响。

A 终轧温度的影响

选取热轧终轧温度为 860℃、910℃、940℃ 的 16 号冷轧板，模拟连续退火（为简化影响因素，没有过时效段）。退火保温温度为 830℃，保温 60s 后，以 50℃/s 速度冷却至室温。终轧温度和 BH_2 值的关系如图 3-8 所示，终轧温度在 860℃ 时，烘烤硬化性能较高，但与 910℃、940℃ 时相差不大。随终轧温度从 860℃ 增加到 910℃，BH_2 值只减少了 2.5MPa。可见终轧温度对烘烤硬化性能影响不大，终轧温度对烘烤硬化性能不是重点考虑因素。

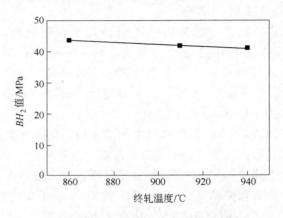

图 3-8　终轧温度和 BH_2 值的关系

　　终轧温度对烘烤硬化性能的影响可从两方面分析：（1）在 ULC-BH 钢板的生产工艺中，热轧终轧温度主要影响热轧板铁素体晶粒尺寸、第二相粒子析出等。终轧温度较低促进第二相颗粒析出[110]，且尺寸较小。在退火过程中这些细小的第二相颗粒更容易溶解，随后快冷基体内残留的固溶碳原子较多，易获得较高的烘烤硬化值。（2）根据下文第 6 章，较高的终轧温度有利于获得较大的铁素体晶粒尺寸，碳原子晶界偏聚量较少，有利于获得较大的烘烤硬化性能。然而不同终轧温度的退火板晶粒尺寸虽有差别，但相差不大，且在快速冷却（50℃/s）工艺下碳原子晶界偏聚对基体固溶碳含量影响微乎其微，此因素并非主导因素。

　　选择终轧温度不仅需要从终轧温度对烘烤硬化性能影响的角度考虑，也要考虑其对力学性能的影响。终轧温度过低，在铁素体、奥氏体两相区轧制导致热轧板中产生混晶组织，限制了冷轧过程中有利取向晶粒的形核和再结晶过程的发生，使 {111} 退火织构发展受阻，从而使 r 值减少，同时退火板中残余的混晶组织使塑性降低[27]。终轧温度过高，热轧板晶粒偏大，析出尺寸较大，导致冷轧时形变储能偏低，不利于再结晶形核和再结晶过程充分进行，因此对 r 值也是不利的。基于以上分析终轧温度略高于 A_{r_3} 时，能获得最佳力学性能。根据热模拟实验结果，钢板的 A_{r_3} 温度在 870～905℃ 之间。终轧温度为 910℃ 时，略高于 A_{r_3} 温度，其力学性能最佳，这可从以下实验结果得到印证。例如，当 16 号退火板在 860℃、910℃、940℃ 终轧对应的 r 值分别为 1.90、2.30、2.20，对应的断后伸长率分别为 34%、38%、37%。

考虑到终轧温度对烘烤硬化性能影响很小，且终轧温度为 910℃ 时力学性能最佳，因此选择 910℃ 作为终轧温度可以获得最佳的综合性能。

B 卷取温度的影响

选取热轧后卷取温度分别为 710℃ 和 640℃ 的冷轧板，模拟连续退火，具体成分选择表 3-1 中的 5 号、6 号、9 号成分，结果如图 3-9 所示。

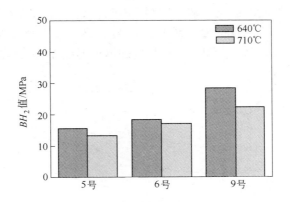

图 3-9 不同卷取温度下，固溶碳含量计算值和 BH_2 值的关系

由图 3-9 可见，与 710℃ 时相比，卷取温度为 640℃ 时，BH_2 值大 1.3～6.0MPa。可见卷取温度越低，烘烤硬化性能越高。其原因可能是：由于卷取温度较低时，Nb 扩散较慢，热轧板中析出的 NbC 颗粒稠密、细小且弥散。退火时 Nb 原子的扩散距离变短，NbC 在有限的

时间内回溶量较大，BH_2 值略有增加。但由于退火温度（830℃）较低，NbC 回溶量较少且卷取温度相差不大，因此卷取温度对 BH_2 值影响较小。卷取温度并非影响烘烤硬化性能的主要参数。

3.3.2.2　连续退火制度的影响

连续退火过程是生产烘烤硬化钢板最重要的工艺过程。连续退火过程中发生了许多微妙的物理过程。退火加热过程发生冷轧板的再结晶、晶粒长大；MC 相（主要是 NbC）在加热阶段发生回溶，在冷却过程中重新析出；另外在过时效阶段可能有含碳第二相析出；碳原子在冷却过程中将发生晶界偏聚现象。这些物理过程均会对固溶碳含量产生影响。

A　退火温度 T_1 的影响

按照图 3-2 的连退工艺示意图，只改变退火温度 T_1（790℃、810℃、830℃、850℃），选择 15 号、13 号、9 号钢板研究退火温度对烘烤硬化性能的影响，结果如图 3-10 所示。由图 3-10 可见，随退火温度 T_1 从 790℃ 升高到 850℃，15 号、13 号、9 号的 BH_2 值分别增大 6MPa、10MPa、16MPa。可见增加退火温度能有效提高烘烤硬化性能。

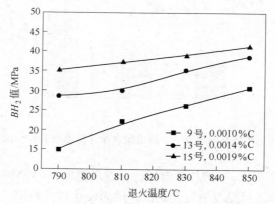

图 3-10　不同固溶碳含量的 15 号、13 号、9 号钢板中
退火温度和 BH_2 值的关系

B 过时效前缓冷段冷却速度 v_1 和快冷段冷却速度 v_2 的影响

改变 15 号缓冷段冷速 v_1（2℃/s、10℃/s、25℃/s、50℃/s），研究缓冷段冷速对烘烤硬化性能的影响，如图 3-11 所示。图 3-11 表明，随退火后冷速 v_1 的提高，烘烤硬化值增加约 4.3MPa。可见增大缓冷段冷速 v_1 有利于提高烘烤硬化性能。

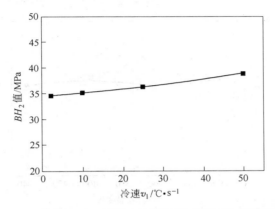

图 3-11 冷速 v_1 对 15 号钢板烘烤硬化性能 BH_2 值的影响

只改变 15 号钢板快冷段冷速 v_2（2℃/s、10℃/s、25℃/s、50℃/s），研究快冷段冷速对烘烤硬化性能的影响，如图 3-12 所示。

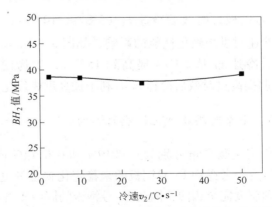

图 3-12 冷速 v_2 对 15 号钢板烘烤硬化性能 BH_2 值的影响

图 3-12 表明快冷段冷速 v_2 对烘烤硬化性能基本无影响。

C 过时效温度的影响

改变 15 号钢板过时效温度 T_3（320℃、360℃、400℃、440℃），研究过时效温度对烘烤硬化性能的影响，如图 3-13 所示。由图 3-13 可见，过时效温度对烘烤硬化性能基本无影响。

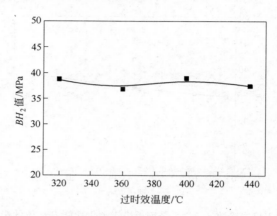

图 3-13   过时效温度对 15 号钢板烘烤硬化性能 BH_2 值的影响

D 终冷冷却速度 v_3 的影响

改变 15 号钢板过时效后冷速 v_3（5℃/s、10℃/s、15℃/s），研究过时效后冷速对烘烤硬化性能的影响，如图 3-14 所示。图 3-14 表明，随退火后冷速 v_3 从 5℃/s 提高到 15℃/s，烘烤硬化值增加约 5.2MPa，说明提高过时效后冷速 v_3 有利于提高烘烤硬化性能。

3.3.2.3 平整对烘烤硬化性能的影响

选择未稳定化碳含量分别为 0.0019% 和 0.0014% 的 15 号和 13 号钢板进行研究。考虑到 15 号钢板的未稳定化碳含量更高，且与 13 号钢板热处理制度完全相同，因此 15 号钢板的固溶碳含量大于 13 号板。两种成分钢板均采用基准工艺进行热轧、冷轧、连续退火。

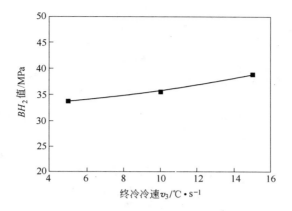

图 3-14 终冷冷速 v_3 对 15 号钢烘烤
硬化性能 BH_2 值的影响

测量未稳定化碳含量不同的 15 号和 13 号退火板不同平整率下的烘烤硬化值，如图 3-15 所示。由图 3-15 可见，平整伸长率对烘烤硬化性能的影响很大。当平整率为零时，烘烤硬化性能很低，随平整率的增加，烘烤硬化值先升后降。对于固溶碳含量较高的 15 号钢板，平整率为 0.48% 时烘烤硬化性能最高；对于 13 号钢板，平整率为 0.26% 时烘烤硬化值达到最大。可见固溶碳含量较高时，需要更大的平整率才能获得最大的烘烤硬化性能。

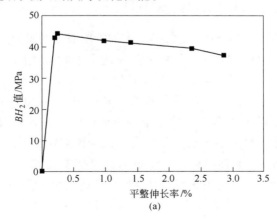

(a)

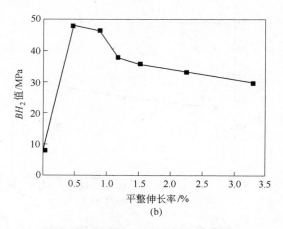

图 3-15　平整伸长率对烘烤硬化性能的影响

（a）13 号钢板；（b）15 号钢板

3.4　讨论

前文实验结果表明，成分和工艺参数均影响超低碳烘烤硬化钢板烘烤硬化性能。从成分角度讲，严格控制 Nb、Ti、C 含量，适当增加未稳定化碳含量有利于获得稳定的烘烤硬化性能。从工艺角度讲，热轧终轧温度、卷取温度的影响较小，不做重点考虑。影响最大的工艺参数为连续退火工艺和平整工艺。

3.4.1　连续退火各个参数的物理过程

连退时对烘烤硬化性能影响最大的阶段应该为退火加热阶段，退火温度对烘烤硬化性能的影响主要与两个因素有关[111]：NbC 回溶、晶粒尺寸。

退火加热温度下 NbC 发生回溶分解：NbC→[Nb]+[C]，其中[Nb]、[C]为平衡条件下固溶于铁素体中的铌、碳元素的质量分数（%）。可见 NbC 回溶增加了基体内一部分固溶碳含量。

15 号钢板铁素体晶粒尺寸随退火温度的变化如图 3-16 所示。从图 3-16 可以看出，随退火温度从 790℃升高到 850℃，15 号钢板的晶粒尺寸从 11.5μm 增大到 18.3μm。晶粒尺寸适当增大也有利于提高烘烤硬化性能，因为随着退火温度增加，晶粒尺寸增大，晶界面积减少，存储于晶界处的碳原子总量低于细晶粒结构，因而增加了基体中的固溶碳含量。根据 De 等人的研究[63]，ULC-BH 钢板基体中的碳含量差被认为主要受晶界面积变化的直接影响。由于晶界面积较小时碳原子的晶界偏聚量较少，因此基体中的固溶碳随晶粒尺寸的增大而增大。

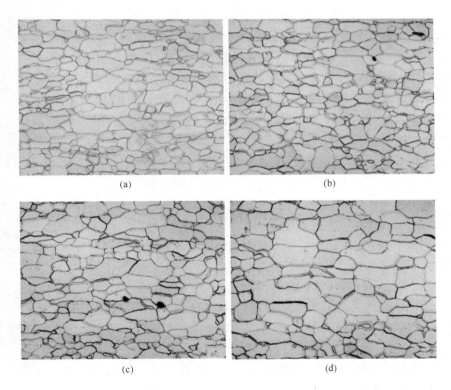

(a)　　　　　　　　　　　(b)

(c)　　　　　　　　　　　(d)

图 3-16　15 号钢板铁素体晶粒尺寸随退火温度变化
（其中退火温度 790℃、810℃、830℃、850℃对应的晶粒尺寸
分别为 11.5μm、12.2μm、14.1μm、18.3μm）
（a）790℃；（b）810℃；（c）830℃；（d）850℃

　　从退火加热温度（830℃）冷却到 660℃时，随温度下降 NbC 的

固溶度明显下降，可通过热力学计算分析在冷却过程中 NbC 的析出行为。

　　NbC 在铁素体基体中的溶解和沉淀析出过程是一个可逆的化学反应过程，改变钢板的化学成分或温度，Nb、C 的平衡固溶量和 NbC 的量将随之改变。根据雍岐龙推导的 NbC 在铁素体中的固溶度积公式[112]：

$$K_{NbC} = w[Nb] \cdot w[C] = 10^{5.816-12381/T} \tag{3-4}$$

其中，K_{NbC} 表示 NbC 的固溶度积。可通过方程求解得到不同温度下 $w[Nb]$ 和 $w[C]$ 的计算值。考虑如下：由于 Ti 和 Al 的氮化物在铁素体相区稳定性良好，在退火时的溶解量微乎其微，因此在缓冷段冷却时无需考虑氮化物析出的影响，因此在计算时只考虑 NbC 在缓冷段冷却时的析出情况。根据在 $T_1 = 830℃$、$T_2 = 660℃$ 时固溶的铌、碳量，可推导缓冷段冷却时 NbC 的析出情况，可由如下两式联立求解：

$$\lg\{w[Nb] \cdot w[C]\} = 5.816 - 12381/T$$

$$\frac{w(Nb) - w[Nb]}{w(C) - w[C]} = \frac{92.9064}{12.011} \tag{3-5}$$

式中　　$w(Nb)$，$w(C)$ ——分别为钢中铌、碳元素的质量分数，%；
　　　　　　T——温度，K。

　　对 15 号钢进行热力学计算发现：在 830℃时，Nb 的平衡固溶度为 0.0018%；当温度降低到 660℃，Nb 的平衡固溶度只有 0.00002%，可见在缓冷段（830~660℃）冷却时，将会出现 NbC 析出。考虑到 NbC 的析出过程实际上是 Nb 原子扩散控制过程，因此增大缓冷段冷却速度能够抑制 NbC 析出，提高基体内固溶碳含量和烘烤硬化性能。

　　相较于缓冷段，由于快冷段（660~400℃）温度很低，Nb 原子的扩散很慢，NbC 析出动力学条件不足。可通过动力学计算对比 830℃、660℃、400℃三个典型温度下 Nb 的扩散情况来说明这个问题。计算方法如下[113,114]：

$$x \propto \sqrt{tD_{Nb-\alpha}} \tag{3-6}$$

$$D_{\text{Nb}-\alpha} = 50.2\exp\left(-\frac{252000}{RT}\right) \tag{3-7}$$

式中 $D_{\text{Nb}-\alpha}$——Nb 原子在铁素体基体的扩散系数，cm^2/s；

　　　x——时间 t（单位 s）内 Nb 原子在铁素体基体的扩散距
离，cm。

计算发现当扩散时间相同时，$x_{830℃} : x_{660℃} : x_{400℃} = 6.5 \times 10^3 :$
$5.3 \times 10^2 : 1$。其中 $x_{830℃}$、$x_{660℃}$、$x_{400℃}$ 分别为 830℃、660℃、400℃时
Nb 原子的相对扩散距离。可见在缓冷段和快冷段 Nb 原子的相对扩
散距离相差很大，鉴于在快冷段冷却时 NbC 的析出动力学条件不足，
几乎没有 NbC 析出，因此快冷段的冷却速度对烘烤硬化性能没有
影响。

由于过时效温度（400℃左右）很低，Nb 扩散很慢，NbC 析出
动力学不够，因此不会有 NbC 析出。考虑到在过时效段保温 300s
时，也可能会析出石墨或渗碳体颗粒，因此做如下计算。根据固溶度
公式[115]：

$$\lg[\text{C}]_\alpha = 2.38 - 4040/T \quad (\text{Fe}_3\text{C 在 }\alpha\text{-铁中}) \tag{3-8}$$

$$\lg[\text{C}]_\alpha = 3.81 - 5550/T \quad (\text{石墨在 }\alpha\text{-铁中}) \tag{3-9}$$

计算结果表明假如渗碳体析出将导致 320℃、400℃、440℃时铁
素体区平衡固溶碳含量只有 0.000037%、0.000239%、0.000519%；
同样假如石墨碳析出，将导致 320℃、400℃、440℃时铁素体区平衡
固溶碳含量只有 0.000003%、0.000037%、0.000107%。考虑到铁素
体基体内固溶碳含量（内耗测量值）必须保持在 0.0005% ~
0.001%[116]，才能保证钢板有 30~50MPa 的烘烤硬化性能[8]。因此
不管是石墨碳还是渗碳体析出都将导致过时效时铁素体基体的固溶碳
含量明显偏低，引起烘烤硬化值不足。但从实验结果看，15 号钢板
经过过时效处理以后，烘烤硬化值仍能保持在 35MPa 以上，改变过
时效温度并没有引起烘烤硬化性能的明显变化，因此在过时效过程中
不可能有渗碳体或石墨碳析出。物理化学相分析和透射电镜实验结果
也未发现渗碳体颗粒和石墨碳。

提高过时效后冷速 v_3 能促进烘烤硬化性能的提高，这主要和冷

却过程中自由碳原子的晶界偏聚有关。在过时效后从 400℃ 冷却到室温过程中，可通过增加过时效后冷速使碳原子向晶界偏聚时间缩短，这对于增加基体内固溶碳含量和烘烤硬化性能均是有益的。

总结连续退火工艺参数对烘烤硬化性能的影响及分析讨论，得到以下结论：退火温度、缓冷段冷速、过时效后冷速是连续退火过程中影响烘烤硬化性能的主要工艺参数。快冷段冷速、过时效温度对烘烤硬化性能基本没有影响。

（1）随退火温度 T_1 的增加，烘烤硬化性能提高。未稳定化的碳含量越高，退火时 NbC 的回溶量越少，退火温度对烘烤硬化性能的影响越小。

（2）提高缓冷段冷速 v_1 能减少 NbC 析出，从而提高烘烤硬化性能；在缓冷段与过时效段之间的快冷段冷速 v_2 对烘烤硬化性能几乎没有影响；提高过时效后冷速 v_3 能阻止碳原子向晶界偏聚，从而提高钢板的烘烤硬化性能。

（3）过时效温度从 320℃ 升高到 440℃ 没有引起烘烤硬化性能的改变。

在生产中，重点控制连续退火温度、缓冷段冷速、过时效后冷速可提高烘烤硬化性能及其稳定性。

3.4.2　讨论平整工艺各个参数的物理变化过程

平整是生产冷轧退火板的必经阶段。退火板经平整处理以后，在极小的变形条件下，板型将更加光滑。ULC-BH 钢由于存有一定量的固溶碳，在退火板基体内容易形成很多碳原子气团，在平整过程中碳原子将与位错分离，不仅消除了冲压过程中不连续屈服现象对板形的损害[116]，而且产生更多的自由碳原子和位错，为未来冲压成型后烤漆过程中烘烤硬化提供基础。

图 3-17 显示随平整量的增加，钢板的单相拉伸曲线由不连续变形逐渐变成连续变形，可见平整可消除 Cottrell 气团。对比图 3-17 中 15 号和 13 号钢的单向拉伸曲线发现：固溶碳含量较高的 15 号钢平整率超过 0.48% 以后才消除了屈服点延伸现象，但固溶碳含量较低的 13 号钢的平整率达到 0.26% 时就已经消除了屈服点延伸现象。推

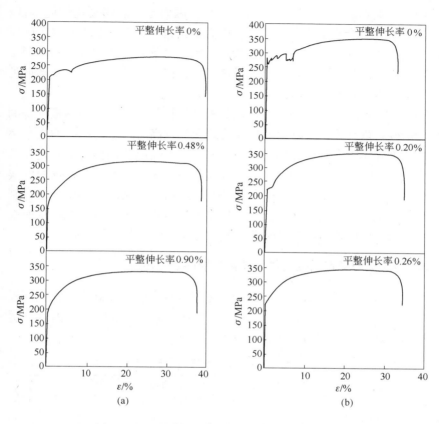

图 3-17 15 号钢（a）和 13 号钢（b）不同平整
伸长率时，钢板的单向拉伸曲线

测固溶碳含量的高低促使需要不同的平整率才能消除屈服点延伸现
象。对照图 3-15 和图 3-17 发现：平整使屈服点延伸现象消失时，烘
烤硬化值恰达到最大，这说明屈服点延伸现象的消失与钢板中自由碳
原子数量达到最多存在因果联系：

（1）平整前的退火板中存有较多柯氏气团，其屈服点伸长率较
高。当平整率达到一定值，位错将与气团中的碳原子分离，从而消除
钢板的屈服点延伸现象。退火板经平整处理后基体内的自由碳原子数
量增加，促进烘烤硬化性能提高。平整率过低不能充分消除柯氏气

团，因此释放的自由碳原子数量较少，因而导致烘烤硬化性能偏低；平整率过高会也会引起平整过程中大量位错在运动过程中与自由碳原子结合，从而减少自由碳原子数量。因此平整率过高和过低均不利于获得较低的屈服强度和较高的烘烤硬化性能，因此在生产中平整伸长率应控制在适宜的范围。

（2）由于未经平整处理的退火板中柯氏气团的数量与钢板本身的固溶碳含量有关，可以预见当固溶碳含量较高时，需要更大的平整率才能消除屈服点延伸现象。由于文中两种不同成分钢板的未稳定化碳含量（0.0014%和0.0019%）很有代表性，因此根据这两种钢板的实验结果，认为平整率控制在 0.5%～1.5% 基本能保证 BH_2 值稳定控制在较高值，过低或过高均会导致基体内自由碳原子数量较低，从而削弱钢板的烘烤硬化性能。这与一些文献的报道结果是一致的[117]。

3.4.3　探讨稳定化控制烘烤硬化性能的综合步骤

前文实验结果表明，成分和工艺参数均影响超低碳烘烤硬化钢板烘烤硬化性能，见表 3-4。由表 3-4 可见，成分、连续退火温度、缓冷段冷速、过时效后冷速影响较大。

表 3-4　烘烤硬化性能的影响因素

成　分	（1）未稳定化碳含量从 0.0013% 增加到 0.0024%，烘烤硬化值从 30MPa 增加到 50MPa。未稳定化碳含量可通过控制 C、Nb、Ti 含量来调节； （2）烘烤硬化值 BH_2 与未稳定化碳含量 $w(C_{unstable})$ 之间的关系式为： $BH_2 = 1.74 \times w(C_{unstable}) + 7.64$
终　轧	终轧温度从 940℃ 降低到 860℃，BH_2 值升高 2.5MPa
卷　取	卷取温度从 710℃ 降低到 640℃，BH_2 值升高 1.3～6.0MPa
连续退火工艺	（1）退火温度 T_1 从 790℃ 升高到 850℃，BH_2 值升高 6～16MPa； （2）缓冷段冷速 v_1 从 2℃/s 增加到 50℃/s，BH_2 值升高 4.3MPa； （3）快冷段冷速对 BH_2 值没影响； （4）过时效温度对 BH_2 值没影响； （5）过时效后冷速 v_1 从 5℃/s 增加到 15℃/s，BH_2 值升高 5.2MPa
平整伸长率	（1）退火板未经平整处理时，其 BH_2 值只有几兆帕，甚至为零； （2）退火板经 0.5%～1.5% 平整处理后，其 BH_2 值稳定控制在最高值

　　将以上研究成果总结，即可找出稳定化控制固溶碳含量的一系列方法手段，归纳起来有四点：

　　（1）重点控制 C、Nb、Ti 含量，防止成分波动对烘烤硬化性能的影响。

　　（2）减少 NbC 回溶，包括降低退火温度、增加未稳定化碳含量等方法。

　　（3）增加 NbC 析出，以减少退火加热时 NbC 回溶的影响，可通过减小退火后冷却速度的方法实现。

　　（4）减少碳原子晶界偏聚量，可通过增加过时效后冷却速度、适当增加晶粒尺寸的方法实现。

　　但以上方法在大多数情况下是有效的，但并不是绝对的。在生产中由于成分波动或者工艺参数波动对固溶碳含量产生影响，可通过后续工艺的调整来减少甚至消除这些影响，如当退火温度较高时，可通过减小缓冷段冷却速度促进 NbC 析出来减少这种不利影响。而有时也需要反其道而行之，如当冶炼成分中由于碳含量偏低可能导致烘烤硬化性能不足时，可通过适当提高退火温度、增加缓冷段冷速和过时效后冷速来调节。

4 超低碳烘烤硬化钢的析出行为研究

4.1 概述

Nb-Ti 处理超低碳烘烤硬化钢板（简称 ULC-BH 钢板），通常期望该板中加入的稳定化元素 Ti 与 N 结合固定 N，而 Nb 与 C 结合固定 C。剩余少量的 C 固溶于基体中，以确保获得烘烤硬化性和超深冲性。由于在冶炼过程中，Nb 和 Ti 的添加往往存在波动。Nb、Ti 含量不同，可能会对钢中的析出物类型和数量产生一定影响。尤其 Ti 元素既可以与 N 结合生成 TiN，也可以与 C 结合生成 TiC；当 Ti/N 原子比大于 1 时，多余的 Ti 还可能与 C、S、O 等结合[72]，从而使得析出变得复杂，增加 ULC-BH 钢中固溶碳含量的预估难度和控制难度。可见 Ti/N 原子比可能影响超低碳烘烤硬化钢板的烘烤硬化性能。本章利用物理化学相分析方法、热力学计算方法全面研究 Ti、N 原子比小于 1、等于 1、大于 1 的 3 号、11 号、4 号三种成分钢板的析出物类型、析出和固溶规律，为超低碳烘烤硬化钢板的成分控制、稳定化控制固溶碳含量提供参考。

另外，第二相的形貌、尺寸、分布规律不仅会影响第二相回溶，也会对冷轧板铁素体晶粒再结晶和晶粒长大机制产生影响，有助于深化理解再结晶和晶粒长大规律（详细内容见第 6 章）。

本章研究思路如下（图 4-1）：

（1）研究 Ti/N 原子比对析出相的类型、相变温度、奥氏体和铁素体相区的固溶析出影响。

（2）研究析出相的尺寸和分布，为在下一章深入研究 NbC 回溶和第二相析出对冷轧退火板铁素体晶粒尺寸的影响提供参考。

通过对以上两方面的研究，可深入理解随超低碳烘烤硬化钢板成分变化，第二相的析出和固溶情况，进而找到如何通过调节成分提高钢板烘烤硬化性能的稳定性的方法。

4.2 实验材料和方法

选取表 3-1 中的 3 号、11 号、4 号冷硬板钢板采用盐浴退火方式模拟退火温度、时间等工艺参数，以获得所需的 ULC-BH 试验钢板。一般设定盐浴炉温度高于再结晶温度且低于 A_{c_1} 以下某一恒定温度，将冷轧板整块放入盐浴炉中加热保温一段时间后取出冷却。

采用物理化学相分析定性定量分析了 Ti/N 原子比分别为 0.66、1.06 和 1.78 的 3 号、11 号、4 号热轧板和相应盐浴退火钢板第二相的析出行为。

通过 Thermo-Calc 热力学计算软件选择 TCFE3 数据库对本书研究的 ULC-BH 钢板在热力学平衡条件下可能存在的析出相析出进行计算，并和相分析结果进行了对比。应用 Thermo-Calc 软件计算 Ti/N 原子比小于 1、等于 1 和大于 1 情况下 M(C,N) 相在奥氏体和铁素体区各个元素的固溶含量。

利用扫描电镜（SEM）和透射电镜（TEM）观察 11 号热轧板和相应的连续退火板中第二相的析出情况。

4.3 实验结果与讨论

4.3.1 析出相

图 4-1 为 3 号、11 号、4 号钢冷轧退火板的 X 射线物相鉴定结

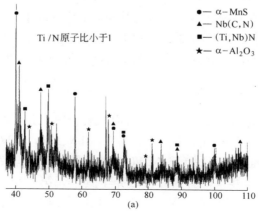

(a)

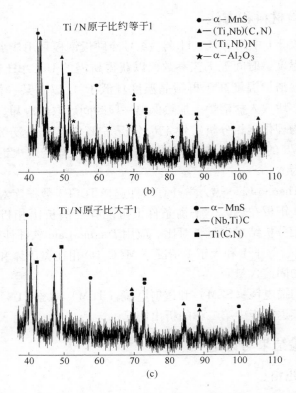

图 4-1 3 号（a）、11 号（b）、4 号（c）钢析出相的 XRD 衍射谱

果。三种钢热轧板物相鉴定结果与其相对应的冷轧退火板相同。

图 4-1 表明：Ti/N 原子比小于 1、等于 1 和大于 1 的三种成分实验钢板的析出相类型相差不大，主要析出相均为 M(C,N)、MnS。

4.3.1.1 M(C,N)相

M(C,N)为 NaCl 型面心立方结构的复合第二相。根据其成分特点，推测其主要有相同点阵类型的 TiN、NbN、TiC、NbC 互溶得到的复合第二相，也可以记为(Ti,Nb)(C,N)。相同晶体点阵类型的第二相互溶得到复合第二相的点阵常数介于其组元第二相的点阵常数之间[112]。复合第二相的点阵常数主要与复合第二相中组元比例有关。

A M(C,N)各个组元相的析出顺序

将 NbC、TiC、NbN、TiN、AlN 第二相在奥氏体的固溶度积公式[118~121]绘制于图4-2，可以看出，在温度一定时 [Ti][N] < [Al][N] < [Nb][N] < [Nb][C] < [Ti][C]。由于在微合金钢中 M(C,N) 及 AlN 主要在高温下沉淀析出，此时相关元素的扩散较易进行，因此沉淀反应的动力学影响较小，而热力学稳定性成为决定性因素[112]。这时，采用第二相固溶度积的比较来确定第二相将优先并稳定析出就成为主要的判断依据。显然随温度下降 M(C,N) 第二相各个组元析出顺序为 TiN、AlN、NbN、NbC(TiC)。根据析出顺序可确定 N、C、Nb、Ti 之间相互结合的优先前后顺序，为更科学合理地分析固溶析出规律和预估固溶碳含量提供参考。

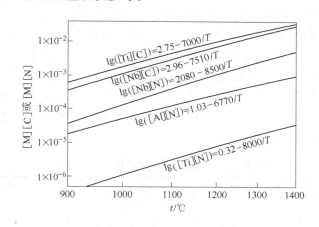

图4-2 NbC、TiC、NbN、TiN 在奥氏体中平衡固溶度积公式比较

B Ti/N 原子比对 M(C,N) 相成分的影响

Ti/N 原子比会对复合第二相的成分产生影响，可对比表 4-1 和表 4-2 进行分析：

（1）3 号钢 Ti/N 原子比小于 1，Ti 完全结合 N 后，钢中还富余 N 与 Nb、Al 结合。考虑到较高温度下主要析出 TiN、AlN、NbN，因

此随温度下降最先析出的 M(C,N) 复合相主要是 TiN 和 NbN 的复合第二相(Ti, Nb)N。由于 TiN 析出温度远高于 NbN，较高温度下 TiN 析出更加充分，因此在较高的温度下析出的(Ti, Nb)N 更接近于 TiN。考虑到氮化物和碳化物的固溶度积相差很大，可以预见随温度下降氮化物充分析出后才会析出碳化物，这可以从相分析结果得到印证。表 4-1 示出 Ti/N 小于 1 时，M(C,N) 相主要析出形式为(Ti, Nb)N 和 Nb(C,N)，其中热轧板和退火板中(Ti, Nb)N 的点阵常数十分接近于 TiN 的点阵常数（见表 4-1 和表 4-2），而 Nb(C,N)的点阵常数很接近于 NbC 的点阵常数，可以简单地认为 Ti/N 原子比小于 1 时，主要析出的含 C 或 N 第二相为 TiN、AlN 和 NbC。

（2）11 号钢 Ti/N 原子比约等于 1，较高温度下析出的(Ti, Nb)N 第二相点阵常数十分接近 TiN，而低温下析出的(Nb,Ti)(C,N)的点阵常数十分接近于 NbC，可粗略的认为主要析出 TiN 和 NbC 沉淀。

（3）4 号钢 Ti/N 原子比大于 1，较高温度下 N 全部与 Ti 结合，随温度下降过量的 Ti 也结合少量 C，与 TiN 互溶生成 Ti(C,N)。低温下析出的 TiC 和 NbC 互溶生成(Nb,Ti)C。

表 4-1 示出 Ti(C,N)的点阵常数虽在 TiN 与 TiC 之间，但十分接近于 TiN。(Nb,Ti)C 的点阵常数接近于 NbC，可见其主要的组元相为 NbC，也包含少量 TiC。

表 4-1　析出相的室温晶体点阵及点阵常数

样品原号	样品状态	析出相类型	点阵常数/nm	室温晶体点阵	Ti/N 原子比
3 号	热轧	MnS	$a_0 = 0.5224$	立方晶系	< 1
		Nb(C,N)	$a_0 = 0.442 \sim 0.443$	面心立方	
		(Ti,Nb)N	$a_0 = 0.423 \sim 0.424$	面心立方	
		α-Al$_2$O$_3$	$a_0 = 0.4758$ $c_0 = 1.2991$	三角	
11 号	热轧	MnS	$a_0 = 0.5224$	立方晶系	= 1
		(Nb,Ti)(C,N)	$a_0 = 0.442 \sim 0.443$	面心立方	
		Ti(C,N)	$a_0 = 0.425 \sim 0.426$	面心立方	
		α-Al$_2$O$_3$	$a_0 = 0.4758$ $c_0 = 1.2991$	三角	

续表 4-1

样品原号	样品状态	析出相类型	点阵常数/nm	室温晶体点阵	Ti/N 原子比
4 号	热轧	MnS	$a_0 = 0.5224$	立方晶系	>1
		(Nb,Ti)C	$a_0 = 0.440 \sim 0.442$	面心立方	
		Ti(C,N)	$a_0 = 0.424 \sim 0.425$	面心立方	
3 号	退火	MnS	$a_0 = 0.5224$	立方晶系	<1
		Nb(C,N)	$a_0 = 0.442 \sim 0.444$	面心立方	
		(Ti,Nb)N	$a_0 = 0.424 \sim 0.425$	面心立方	
		α-Al$_2$O$_3$	$a_0 = 0.4758$ $c_0 = 1.2991$	三角	
11 号	退火	MnS	$a_0 = 0.5224$	立方晶系	=1
		(Nb,Ti)(C,N)	$a_0 = 0.443 \sim 0.445$	面心立方	
		(Ti,Nb)N	$a_0 = 0.425 \sim 0.426$	面心立方	
		α-Al$_2$O$_3$	$a_0 = 0.4758$ $c_0 = 1.2991$	三角	
4 号	退火	MnS	$a_0 = 0.5224$	立方晶系	>1
		(Nb,Ti)C	$a_0 = 0.441 \sim 0.443$	面心立方	
		Ti(C,N)	$a_0 = 0.425 \sim 0.426$	面心立方	

表 4-2　NbC、TiC、NbN、TiN 在钢中的一些室温物理数据

相	相对分子质量	室温晶体点阵	室温点阵常数/nm
NbC	104.917	面心立方,NaCl 型	0.44699
TiC	59.911	面心立方,NaCl 型	0.43176
NbN	106.913	面心立方,NaCl 型	0.4394
TiN	61.907	面心立方,NaCl 型	0.4239

4.3.1.2　其他第二相

　　另外,Al$_s$(酸溶铝)含量偏低的 3 号、11 号钢析出相 X 射线衍射谱中有明显的 α-Al$_2$O$_3$ 衍射峰,而 Al$_s$ 含量较高的 4 号钢却没有 α-Al$_2$O$_3$ 衍射峰,表明 3 号、11 号钢中 Al$_s$ 含量偏低(质量分数只有 0.0064% 和

0.013%)导致实验钢脱氧不够充分,所以钢中必须有足够的 Al_s 才能防止 Al_2O_3 夹杂形成,减少对钢板的力学性能的不利影响。析出相中也含有很少量的 AlN,在结构分析中未探测到,但析出相定量分析结果证明了少量 AlN 的存在。

有文献[75,122]报道,含钛 IF 钢中常有 TiS 和 $Ti_4C_2S_2$ 析出。由于这些含钛硫化物占用了一定的 Ti 和/或 C,将会使 ULC-BH 钢固溶碳含量的控制难度增加。然而图 4-1 表明三种成分钢板均未发现 TiS 和 $Ti_4C_2S_2$。虽然 4 号钢 Ti/N 原子比大于 1,但仍未析出 TiS 或 $Ti_4C_2S_2$,这可能是由于实验钢的 Mn 含量较高、S 含量较低的缘故。有文献[91]报道 Mn 含量较高或者 S 含量较低时由于 S 几乎全部与 Mn 结合,因而不会生成 TiS 或 $Ti_4C_2S_2$。

4.3.2 析出相的定量分析

表 4-3 示出了热轧板和冷轧退火板 M(C,N)、AlN 的定量分析结果。将表 4-3 析出相定量分析结果与表 3-1 中的 Nb、Ti 总量进行对比,表明 3 号、11 号、4 号热轧板中 M(C,N)相中 Nb、Ti 量之和分别占 Nb、Ti 总量之和的 94%、89%、87%,可见在热轧卷取后 Nb、Ti 元素较充分析出。相对于热轧板,3 号、11 号、4 号钢退火板中 M(C,N)析出量只有热轧板中的 97.2%、92.8%、94.4%,且退火板中 M(C,N)相中碳含量分别减少 0.0002%、0.0006%、0.0004%,可见在 830℃短时 (1min) 退火过程中 M(C,N)相发生少量回溶。

表 4-3 Nb(Ti)-ULC-BH 实验钢的相分析结果

状　态	序号	M(C,N)相中各元素占合金的质量分数/%				
		Nb	Ti	C*	N	Σ
热轧板：710℃卷取	3 号	0.0110	0.0071	0.0006	0.0030	0.0217
	11 号	0.0191	0.0103	0.0024	0.0031	0.0349
	4 号	0.0119	0.0133	0.0027	0.0025	0.0304
退火板：830℃×60s,油冷	3 号	0.0112	0.0064	0.0004	0.0031	0.0211
	11 号	0.0176	0.0096	0.0018	0.0034	0.0324
	4 号	0.0119	0.0119	0.0023	0.0026	0.0287

状　态	序号	AlN 相中各元素占合金的质量分数/%		
		Al	N	Σ
热轧板：710℃卷取	3 号	0.0009	0.0005	0.0014
	11 号	0.0006	0.0003	0.009
	4 号	0.0005	0.0003	0.0008
退火板：830℃×60s，油冷	3 号	0.0012	0.0006	0.0018
	11 号	0.0005	0.0003	0.0008
	4 号	0.0005	0.0003	0.0008

由表 4-3 中 AlN 的析出数据可以看出，尽管 3 号钢中 Al_s 含量很低，仅为 0.0064%，明显低于 11 号和 4 号，但其 AlN 的生成数量还略高于另外两种实验钢。原因在于 3 号钢中，Ti/N 原子比小于 1，Ti 完全结合 N 后，钢中还富余 N。

4.3.3　热力学计算 Ti/N 原子比对 M(C,N) 相固溶析出行为的影响

4.3.3.1　奥氏体相区和 γ→α 相变前后 M(C,N) 相的固溶析出行为

图 4-3 显示了不同 Ti/N 比的三种实验钢，奥氏体基体中 C、N、Nb、Ti 固溶含量的变化。表 4-4 示出了 γ→α 相变前略高于 A_3 点（925℃）时，奥氏体基体中各元素的含量。

表 4-4　925℃时，C、N、Nb、Ti 元素在奥氏体中的平衡固溶含量（%）

试　样	[C]	[N]	[Ti]	[Nb]
3	1.9×10^{-3}	6.2×10^{-4}	8.5×10^{-6}	8.58×10^{-3}
11	3.6×10^{-3}	4.0×10^{-5}	1.5×10^{-4}	1.88×10^{-2}
4	2.9×10^{-3}	8.3×10^{-7}	3.7×10^{-3}	1.19×10^{-2}

由于 M(C,N) 相的析出驱动力随温度降低而增大，所以随温度的降低，三种钢的 Nb、Ti、N 元素固溶度均有所下降。图 4-3 和表 4-4

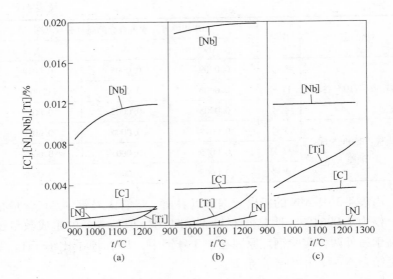

图 4-3　3 号（a）、11 号（b）、4 号（c）钢中 Ti、Nb、N 在
奥氏体基体平衡固溶度随温度的变化

各种固溶元素的含量变化说明：

（1）Ti/N 原子比小于 1 时，在 925℃钢板中 Ti 全部反应生成 TiN
沉淀，同时也生成一定量的 NbN，C 全部处于固溶状态。

（2）Ti/N 原子比等于 1 时，在 925℃钢板中 N 几乎全部反应生
成 TiN 沉淀，NbN 的生成量极少，C 几乎全部处于固溶状态。

（3）Ti/N 原子比大于 1 时，在 925℃钢板中 N 全部反应生成
TiN 沉淀，且 Nb 几乎没有参与反应，同时有很少量 TiC 析出。从
以上三点看出 NbN 在奥氏体区就开始析出。对于 4 号钢 Ti/N 原
子比大于 1，Ti 除与 N 结合生成 TiN 以外，过量的 Ti 与 C 结合生
成少量 TiC 沉淀。

870℃时实验钢完成了奥氏体向铁素体的转变，此温度接近 A_1
点。以 925℃时固溶的 Nb、Ti、N 和 C 含量作为相变前各元素初始含
量进行计算，得到 C、N、Nb、Ti 四种元素在 870℃时的固溶含量，
见表 4-5。

表 4-5　870℃时，C、N、Nb、Ti 在铁素体中的平衡固溶含量（%）

试 样	[C]	[N]	[Ti]	[Nb]
3	1.8×10^{-3}	1.6×10^{-4}	3.1×10^{-6}	7.6×10^{-3}
11	2.1×10^{-3}	2.4×10^{-5}	1.2×10^{-5}	6.7×10^{-3}
4	1.4×10^{-3}	6.3×10^{-9}	1.6×10^{-3}	4.4×10^{-3}

从表 4-5 中可以看出：

（1）870℃时，三种成分钢中几乎所有的氮都以氮化物的形式析出，因此氮化物主要在 A_1 以上析出。

（2）对比表 4-4 和表 4-5 发现，从 925℃冷却到 870℃时 C、Nb、Ti、N 含量均有下降，说明在奥氏体到铁素体相变过程中，有较多的 (Ti,Nb)(C,N) 析出。此时氮化物基本已全部析出，随后冷却过程中主要是碳化物析出。特别指出的是 Ti/N 原子比小于或等于 1 时，在铁素体相区内主要析出 NbC 沉淀，而在 Ti/N 原子比大于等于 1 时，主要析出 Nb 和 Ti 的碳化物(Nb,Ti)C。

4.3.3.2　在铁素体中 M(C,N) 的固溶析出行为

本实验钢热轧板采用 710℃卷取。热轧板经冷轧后，冷轧板在 830℃短时退火处理。图 4-4 显示了 Thermo-Calc 计算的 710℃、830℃时铁素体基体中的固溶元素含量。图 4-4 显示：在 710℃平衡状态下，3 号、11 号、4 号钢固溶 Nb 含量占总 Nb 含量的 8.0%、3.2%、7.7%，而固溶 Ti 含量占总 Ti 含量的 0.01%、0.01%、0.16%，可见在卷取温度下 Nb、Ti 几乎全部析出，这与表 4-3 中热轧板的相分析结果基本是一致的。

图 4-4 的 Thermo-Calc 热力学计算结果表明，从 710℃增加到 830℃以后，3 号、11 号、4 号钢板增加的平衡固溶 Nb 含量分别为 0.00265%、0.00620%、0.00578%；增加的平衡固溶碳含量分别为 0.00078%、0.00102%、0.00084%；增加的平衡 N 含量几乎均为零；除 3 号钢增加的 Ti 含量占总 Ti 含量的 0.00037%以外，3 号、11 号 Ti 的增加量接近于零，几乎可以忽略。可见在退火过程中主要是

NbC 发生回溶，计算结果和前文相分析结果基本是一致的，但由于热力学计算考虑的是此温度下平衡固溶含量，因此计算得到的 MC 相的回溶量高于相分析实验结果（表 4-3）。

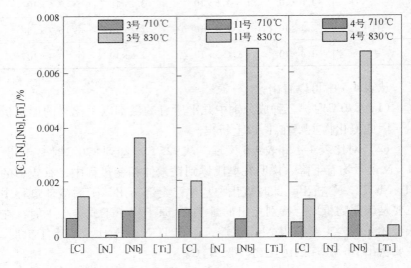

图 4-4   铁素体基体中固溶的 C、Nb、N、Ti 含量的变化

在退火过程中，由于 MC（主要是 NbC）相的回溶导致烘烤硬化性能提高。但随退火温度的改变，NbC 的回溶量可能发生改变，因此连续退火生产过程中退火温度波动可能对烘烤硬化性能的稳定性能产生不利影响。需要深入研究如何降低 NbC 的回溶量，以求获得更加稳定的烘烤硬化性能。

4.3.4   析出物的形貌和分布

通过扫描电镜和透射电镜观察到 Nb(C,N)、TiN、MnS 等粒子。扫描电镜、透射电镜均未发现 TiS、$Ti_4C_2S_2$。

4.3.4.1   热轧板中析出相尺寸和分布

热轧板中的细小 Nb(C,N) 主要在热轧后冷却（<900℃）以及710℃卷取过程中析出[70]。按基准工艺生产的 11 号热轧钢板中看到

细小弥散分布的颗粒，颗粒直径为 3～7nm，成椭圆片状，如图 4-5
（a）所示。由于粒子很小，无法得到电子衍射谱，但根据钢板的化
学成分、尺寸、分布状态，并参考国内外大量文献报道判断这些析出
应为细小的 Nb(C,N)颗粒[58,88,90,91,92,93]。由于尺寸很细小，可见其析
出温度较低，这些很可能是在卷取保温过程中在位错等能量较低的位
置析出。这些细小的颗粒，在退火过程中很容易溶解，从而增加基体
内的固溶碳含量，这从前文相分析实验得到证实。如图 4-5（b）所
示，热轧板中晶界处的 Nb(C,N)析出在冷轧后沿冷轧板拉长晶界分

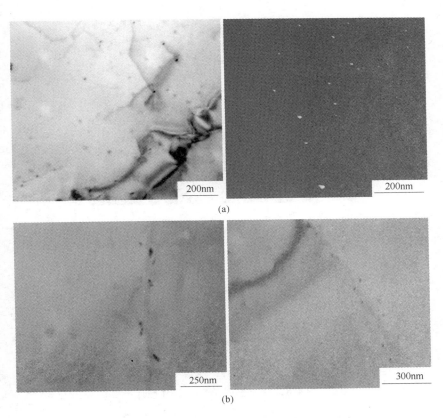

图 4-5   11 号热轧板内 Nb(C,N)析出的 TEM 照片
（a）热轧板晶内 Nb(C,N)析出明暗场（3～6nm）；
（b）热轧板晶界处的 Nb(C,N)析出

布，在退火过程中钉扎晶界阻碍再结晶发生，这在第 7 章将重点讨论。

　　TiN 颗粒在钢液浇铸、锻造、热轧过程中产生。由于析出温度较高，因此尺寸较大。如图 4-6 所示，超低碳烘烤硬化钢中 Ti 含量较低，TiN 颗粒大部分只有 70 ~ 200nm，基本没有发现尺寸达到微米级别的颗粒，颗粒较小，不会对塑性产生明显的不利影响。由于 Ti 含量只有 0.01% 左右，TiN 析出数量较少，不影响铁素体晶粒尺寸。

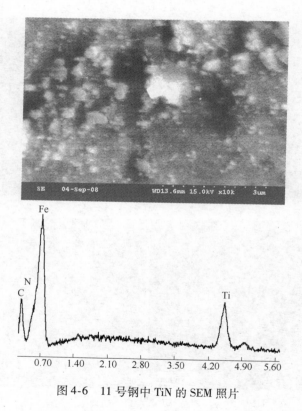

图 4-6　11 号钢中 TiN 的 SEM 照片

4.3.4.2　退火板中析出相的尺寸和分布

在热轧板卷取过程中析出的细小 Nb(C,N) 颗粒在退火过程中一部分溶解消失,一部分将长大[70]。11 号热轧板内 Nb(C,N)析出的 TEM 照片如图4-7 所示。

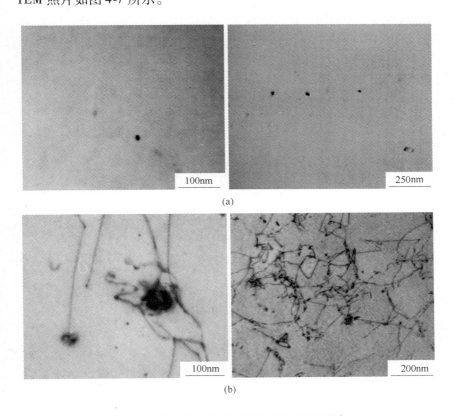

(a)

(b)

图 4-7　退火板内 Nb(C,N)析出的 TEM 照片
(a) 退火板细小 Nb(C,N)析出明场 (3~15nm);
(b) 退火板中(Ti,Nb)(C,N)析出与位错缠结

　　退火板中析出的 Nb(C,N)粒子尺寸为 8~20nm,呈椭圆片状,尺寸较热轧板中 3~7nm 的 Nb(C,N)粒子更大一些,Nb(C,N)粒子分布较稀疏,呈椭圆状或者片状分布,如图4-7(a)所示。可以设想,退火过程中 Nb(C,N)回溶和长大导致粒子数量减少,对晶界的钉扎作用将减弱。

　　如图4-7(b)所示,退火板中(Ti,Nb)(C,N)第二相析出物尺寸在几个纳米到 40nm 之间，一般较大尺寸的析出物形貌接近矩形，含 Ti 量较多更接近于 TiN 的形貌，在热轧过程中析出。而较小尺寸的析出形貌接近于椭圆片状，形状更接近于 Nb(C,N)，一般在铁素体相区析出。有些粒子对位错钉扎，形成位错缠结，起到强化超低碳 BH 钢基体的作用。

5 连续退火过程中自由碳的行为

5.1 概述

超低碳烘烤硬化钢在连续退火过程中，自由 C 原子数量主要受三个因素影响：（1）NbC 回溶[118,119]；（2）NbC 析出[118,119]；（3）C 原子晶界偏聚[120]。NbC 回溶发生在退火加热过程中，NbC 回溶产生的碳原子，不仅增加了钢板的烘烤硬化性能，而且回溶量的差别也影响钢板的烘烤硬化性能的稳定性。另外退火后冷却过程中 NbC 的析出量，也将影响烘烤硬化性能的稳定性。为了加深对退火过程中 NbC 回溶和析出问题的理解，本文探讨了未稳定化碳含量、退火温度、退火后冷速等对 ULC-BH 钢 NbC 回溶和析出的影响。

第 3 章中提到连续退火在过时效（<400℃）后终冷段，随冷却速度加快，烘烤硬化性能下降。考虑到在过时效后冷却过程中没有发生第二相析出，可见碳原子晶界偏聚是削弱烘烤硬化性能的主要因素，可以从 Jun 等的研究得到证实[61]。Jun 等应用三维原子探针（3DAP）检测到晶粒尺寸为 15μm 的 ULC-BH 钢板存在明显的碳原子晶界偏聚现象，偏聚量达到 0.00017%。但碳原子晶界偏聚对烘烤硬化性能的影响，目前却有很多说法。例如 De[62] 等人研究发现晶粒尺寸在 21~66μm 范围时，增大晶粒尺寸能够明显减少 C 原子晶界偏聚量，从而提高基体的固溶碳含量和烘烤硬化性能；而 Pradhan[64]、Lee[65] 却认为粗晶钢和细晶钢的烘烤硬化性能差别不大，他们的研究说明碳原子晶界偏聚并非影响烘烤硬化性能的主要影响机理；Senuma[121] 认为晶界上偏聚的碳在 170℃时效保温过程中可能再溶解到基体里，从而起到烘烤硬化的作用。到目前为止，关于碳原子晶界偏聚对烘烤硬化性能的影响的研究[122~124] 是有限的，而且有些是相互矛盾的。本文从工艺角度研究碳原子晶界偏聚的影响因素，并从微观机

理作深入的探讨。本章研究思路如下：

（1）研究退火加热时 NbC 回溶和冷却过程 NbC 析出受成分、工艺的影响机理。

（2）研究不同冷却速度下晶粒尺寸对碳原子晶界偏聚等的影响，并对碳原子晶界偏聚动力学进行了讨论。

5.2　实验材料和方法

5.2.1　实验材料

本章研究所用钢板的热轧、卷取、平整工艺均采用基准工艺参数，见第 3 章。

本章研究碳原子晶界偏聚问题，选取 10 号、12 号热轧板采用不同的冷轧压下率进行冷轧，经 850℃ ×150s 进行退火水淬。形变量越高，则形变储能越大，再结晶时形核率越高，获得的晶粒尺寸越细小，如图 5-1 所示。其中图 5-1（a）中从左到右的晶粒尺寸分别为 11.7μm、18.6μm、26.9μm、65.5μm，对应的 10 号钢板冷轧压下率分别为 84%、61%、33%、15%；图 5-1（b）中从左到右的晶粒尺寸分别为 11.2μm、13.1μm、14.8μm、25.6μm，对应的 12 号钢板冷轧压下率分别为 88%、80%、65%、35%。从图 5-1 可以看出，随冷轧压下率的减小，晶粒尺寸明显增大。

本章研究 NbC 回溶和析出问题选用不同未稳定化碳含量的 2 号、9 号、13 号、17 号钢，退火制度如图 5-2 所示。

晶粒尺寸与退火后冷却速度无关，退火后冷却过程中由于温度下降晶粒尺寸不会发生改变，相同冷轧压下的水冷退火板和空冷退火板具有相同大小的晶粒尺寸。

5.2.2　实验方法

退火过程中，碳化物的回溶和重新析出主要受到退火温度和退火后在一定范围内冷却速度的影响。冷却过程是在 NbC 析出的温度范围内。第 4 章分析计算表明 NbC 析出的温度范围在退火温度到 600℃ 之间，而较低温下冷却时碳原子将向晶界偏聚。如图

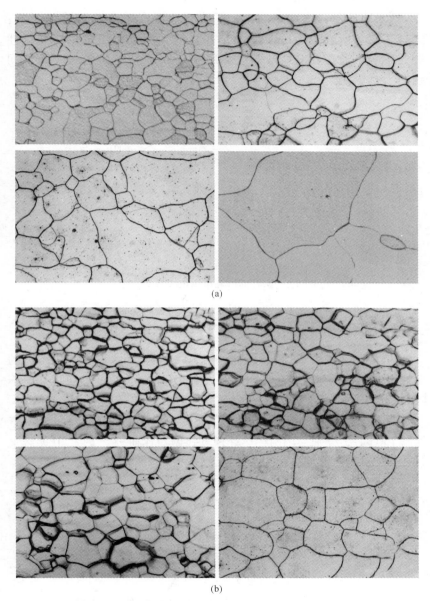

图 5-1　10 号（a）和 12 号（b）超低碳烘烤硬化钢
不同晶粒尺寸试样的金相图片

5-2 所示，选择工艺 1 的目的是研究退火温度对 NbC 回溶的影响；选择工艺 2 研究退火后慢冷（空冷）时，NbC 析出对烘烤硬化性能的影响。通过 600℃以下水冷避开碳原子晶界偏聚对所研究问题的干扰影响。

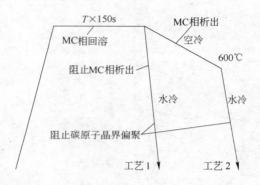

图 5-2   NbC 回溶和析出退火处理制度

5.2.3   退火和晶界偏聚处理

10 号、12 号钢板均采用基准工艺参数热轧和卷取，采用不同的冷轧压下率进行冷轧，在相同的退火温度和保温时间下，可以获得不同晶粒尺寸的晶粒。热轧、卷取等工艺见第 4 章。

如图 5-3 所示，将不同冷轧压下率的 10 号成分冷轧板在 850℃下保温 150s 后，分别采用两种热处理方式做对比研究：（1）退火后水

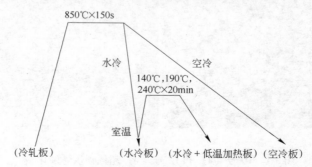

图 5-3   10 号、12 号钢板碳原子晶界偏聚和反晶界偏聚处理

冷，目的是阻止退火时均匀分布的自由碳原子在冷却过程中向晶界偏聚。（2）退火后水冷＋低温加热，目的是促使晶内的碳原子向晶界偏聚。考虑到碳原子一般在室温到200℃左右明显偏聚，本试验设计了140℃、190℃和240℃三个低温加热温度，低温加热保温时间均为20min。

将不同冷轧压下率的12号成分冷轧板在850℃下保温150s后，分别采用空冷（~5℃ -10℃/s）和水冷（~600℃/s）两种方式冷却。目的是研究不同晶粒尺寸钢板在不同冷却速度下中晶界偏聚对烘烤硬化性能的影响。

5.3 实验结果和讨论

5.3.1 退火过程中NbC的回溶和析出问题研究

为了加深对退火过程中NbC回溶和析出问题的理解，以找出方法减少连续退火温度波动对NbC回溶的影响以及退火后冷速波动对NbC析出的影响。本节探讨了未稳定化碳含量、退火温度、退火后冷速等对ULC-BH钢烘烤硬化性能的影响。

5.3.1.1 退火温度对固溶碳含量和烘烤硬化性能的影响

对固溶碳含量分别为0.00029%、0.00271%的2号、17号钢板，按照图5-2中工艺1方法进行热处理。图5-4所示为退火温度对烘烤硬化性能的影响，表明：随退火温度的上升，未稳定化碳含量较低的2号钢板的BH_2值增加了11.6MPa。可见NbC回溶增加了基体内固溶碳含量。退火温度对17号钢板固溶碳含量和烘烤硬化性能的影响均较小，BH_2值只增加了1.9MPa。可见未稳定化碳含量较高的17号钢板NbC的回溶量较小。

5.3.1.2 热轧板中未稳定化碳含量对退火板烘烤硬化性能的影响

考虑到未稳定化碳含量可能对NbC的回溶产生影响，选择未稳定化碳含量的选择2号、9号、13号、17号成分，定量分析在790℃

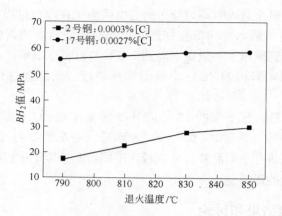

图 5-4　退火温度对固溶碳含量和
烘烤硬化性能的影响

升高到 850℃过程中由于 NbC 回溶增加的固溶碳对烘烤硬化性能的影响，如图 5-5 所示。做如下定义：令 $\Delta BH = BH_{850℃} - BH_{790℃}$。其中，$BH_{850℃}$ 和 $BH_{790℃}$ 分别指的是在 850℃ 和 790℃ 退火时的烘烤硬化值；ΔBH 表示退火温度从 790℃ 升高到 850℃ 时，烘烤硬化值的增加量。ΔBH 的大小能反映在退火加热时，NbC 相的回溶量受退火温度的影响。

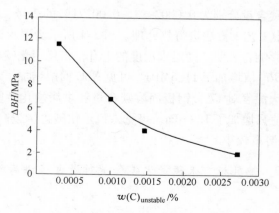

图 5-5　退火温度从 790℃升至 850℃，
未被稳定化碳含量对 ΔBH 的影响

由图 5-5 可知，随未稳定化碳含量分别为 0.00029%、0.00098%、0.00145%、0.00271%时，由于 NbC 回溶增加的烘烤硬化值 ΔBH 分别为 11.6MPa、6.7MPa、4.1MPa、1.9MPa，可见随未稳定化碳含量的增加，回溶的 NbC 量明显减少，因此 NbC 回溶对烘烤硬化性能的影响也逐渐减少。因此适当地增加未稳定化碳含量，能够降低由于退火温度波动对烘烤硬化性能的影响，从而增加烘烤硬化钢产品烘烤硬化性能的稳定性。

5.3.1.3 退火冷却后未稳定化碳含量对 NbC 回溶的影响

选择 2 号、9 号、13 号、17 号冷轧钢板，在 850℃下退火加热 150s 后，按照图 5-2 的两种工艺得到实验钢板，用于研究退火后未稳定化碳含量对 NbC 析出的影响。

图 5-6 示出了按照图 5-2 中各种不同冷却方式冷却时的烘烤硬化性能的变化，其中退火温度为 850℃。它表明未稳定化碳含量对退火后冷却过程中 NbC 的析出产生明显影响。当未稳定化碳含量较低时，水冷样和空冷样的烘烤硬化性能差别明显偏大，说明 NbC 析出显著影响烘烤硬化性能。当未稳定化碳含量较高时，两种冷却方式的烘烤硬化性能基本相同，说明 NbC 析出量很少，不能对烘烤硬化性能产生明显影响。可见适当增加未稳定化碳含量能减少冷却速度对烘烤硬化性能的影响。

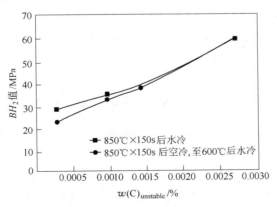

图 5-6 对比两种冷却方式 BH_2 值的差别

5.3.2 碳原子晶界偏聚问题研究

5.3.2.1 碳原子晶界偏聚对烘烤硬化性能的影响

图 5-7 所示为晶粒尺寸为 $11.7\mu m$ 的 10 号钢经水冷和水冷后低温加热以后烘烤硬化值的变化。退火后快速淬入水中得到的水冷板 $BH_2 \approx 30MPa$，经低温保温一定时间处理后，基体内的自由碳原子向晶界扩散，BH_2 值明显下降。水冷样低温加热温度越高，BH_2 值下降得越多。例如，当水冷钢板在 140℃、190℃、240℃ 低温加热以后，烘烤硬化性能分别减少 10MPa、14MPa、18MPa，可见碳原子晶界偏聚对烘烤硬化性能有很重要的影响。

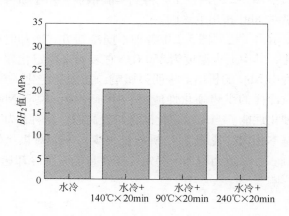

图 5-7   晶粒尺寸为 $11.7\mu m$ 的 10 号钢经水冷和
水冷后低温加热对烘烤硬化性能的影响

5.3.2.2 晶粒尺寸对碳原子晶界偏聚的影响

为了定量分析不同晶粒尺寸对晶界偏聚的影响，本小节引入参数 $\Delta BH = BH_{WC} - BH_{190℃}$。其中 BH_{WC} 表示退火后采用水冷方式冷却的钢板的烘烤硬化值；$BH_{190℃}$ 表示退火、水冷后经 190℃ 下保温 20min 的钢板的烘烤硬化值；ΔBH 反映了水冷样经 190℃ 低温加热后，由于碳原子晶界偏聚对烘烤硬化性能的影响。

图 5-8 表明了不同晶粒尺寸的 10 号钢碳原子晶界偏聚对其烘烤硬化性能的影响。随晶粒尺寸增大，水冷样经低温加热，烘烤硬化值变化量 ΔBH 明显减小，即晶粒尺寸越大，低温加热对烘烤硬化性能影响越小。例如，晶粒尺寸为 11.7μm、18.6μm、26.9μm、65.5μm 的水冷样经过 190℃ 低温加热处理后，烘烤硬化值减小了约 13.6MPa、7.4MPa、3.4MPa、0.5MPa。可见晶粒尺寸越小，碳原子的晶界偏聚越明显。

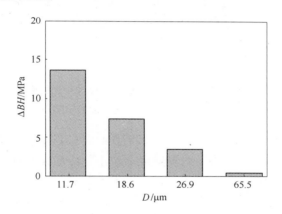

图 5-8　不同晶粒尺寸 10 号水冷样经低温加热

（190℃ × 20min）后的 ΔBH 值

5.3.2.3　不同晶粒尺寸下冷却速度对碳原子晶界偏聚的影响

将不同冷轧压下率的 12 号钢板在 850℃ 保温 150s 后，分别以水冷和空冷两种方式冷却，如图 5-3 所示。不同冷轧压下率和冷却速度下，晶粒尺寸对钢板烘烤硬化性能的影响如图 5-9 所示。图 5-9 表明，随晶粒尺寸增加，水冷样的烘烤硬化性能变化不明显，空冷样的烘烤硬化性能明显提高。这是因为随晶粒尺寸增大，空冷样的碳原子晶界偏聚量减少，烘烤硬化性能因此提高；而水冷样几乎不存在碳原子晶界偏聚现象，因此晶粒尺寸对其烘烤硬化性能几乎没有影响。

根据图 5-9 的实验数据，晶粒尺寸分别为 11.2μm、13.1μm、14.8μm、25.6μm 时，水冷样和空冷样烘烤硬化值分别相差

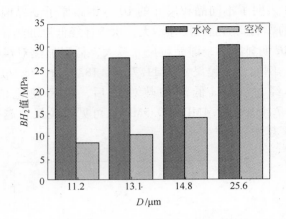

图 5-9   12 号钢在不同冷轧压下率和冷却速度下，
晶粒尺寸对烘烤硬化性能的影响

21.0MPa、17.3MPa、13.7MPa、2.7MPa。可见随晶粒尺寸的增大，冷却速度对烘烤硬化性能的影响逐渐减小。冷却速度对烘烤硬化性能的影响主要与两个因素有关：（1）NbC 析出；（2）碳原子晶界偏聚。考虑到不同晶粒尺寸的 12 号钢板热处理制度相同，因此 NbC 析出量相同。因此不同晶粒尺寸试样烘烤硬化性能的差别主要是由于碳原子晶界偏聚量不同造成的。

晶粒尺寸为 25.6μm 时水冷样和空冷样的烘烤硬化值之差为 2.7MPa。考虑到空冷过程中不仅有碳原子晶界偏聚，也会有一定量的 NbC 析出，除去晶界偏聚的影响，NbC 析出对烘烤硬化性能的影响应小于 2.7MPa。对图 5-9 实验数据稍作对比即可发现，晶粒尺寸小于等于 14.8μm 的 ULC-BH 冷轧退火钢板中 NbC 析出对烘烤硬化性能的影响要明显小于碳原子晶界偏聚对烘烤硬化性能的影响。

当晶粒尺寸为 25.6μm 时，晶界偏聚对烘烤硬化性能的影响也小于 2.7MPa。根据这个结果，可以推测实际工业生产中若晶粒尺寸在 20~30μm 之间，则冷轧退火钢板在退火后空冷（5~10℃/s）过程中偏聚到晶界的碳原子对烘烤硬化性能的影响较小。

考虑到晶粒尺寸对碳原子晶界偏聚的深刻影响，可见适当增加晶粒尺寸，不仅有利于提高钢板烘烤硬化性能，也会使得过时效后冷却过程中冷却速度对烘烤硬化值的影响减小，从而有利于稳定化控制 ULC-BH 钢板的烘烤硬化性能。

5.4 讨论

5.4.1 NbC 回溶的物理过程

退火加热时较高温度下 NbC 发生回溶分解：NbC→[Nb] + [C]。其中 [Nb]、[C] 为残余在铁素体中平衡固溶态的铌、碳元素的质量分数（%）。NbC 在铁素体基体中的溶解和沉淀析出过程是一个可逆的化学反应过程，改变钢板的化学成分或温度，Nb、C 的平衡固溶量和 NbC 的量将随之改变。雍岐龙推导的 NbC 在铁素体中的固溶度积公式[112]，因此适用于本书中所用的 Mn 含量只有 0.3% 左右的 ULC-BH 钢板。可通过方程求解得到不同温度下 [Nb] 和 [C] 的计算值，考虑如下：由于 Ti 和 Al 的氮化物在铁素体相区稳定性良好，在退火时的溶解量微乎其微，因此无需考虑氮化物回溶的影响，因此在计算时只考虑 NbC 在退火时的回溶情况，通过热力学计算即可得到退火温度下 Nb、C 的平衡固溶含量，计算方法同第 4 章中 4.4.1 节。

退火温度对固溶碳含量的影响如图 5-10 所示。图 5-10 热力学计算结果表明，随退火温度提高，2 号、17 号钢由于 NbC 回溶导致固

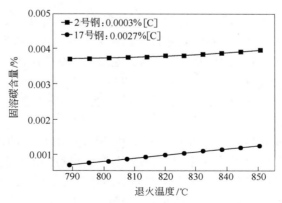

图 5-10 退火温度对固溶碳含量的影响

溶碳含量逐渐增大，这是促使烘烤硬化性能随退火温度升高的主要原因。但未稳定化碳含量较高的 17 号钢中 NbC 的回溶量较少。

为了定量分析在 790℃升高到 850℃过程中由于 NbC 相回溶增加的固溶碳量，做如下定义：令 $\Delta[C] = [C]_{850℃} - [C]_{790℃}$，其中 $[C]_{850℃}$ 和 $[C]_{790℃}$ 分别指的是在 850℃和 790℃退火时的固溶碳含量。$\Delta[C]$ 的大小均能反映在退火加热时，NbC 回溶产生的固溶碳量，如图 5-11 所示。

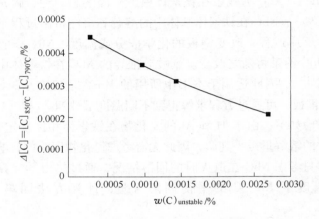

图 5-11   退火温度从 790℃升至 850℃，
未被稳定的碳含量对 $\Delta[C]$ 的影响

根据图 5-11 的热力学计算结果，当 NbC 充分析出时，2 号、9 号、13 号、17 号钢中未稳定化的碳含量 $w(C)_{unstable}$ 分别为 0.0003%、0.001%、0.0014%、0.0027%，退火温度从 790℃升高到 850℃将导致固溶碳含量分别增加 0.00045%、0.00036%、0.0003%、0.0002%。可见未稳定化碳回溶量越高，NbC 的回溶量越少，这与图 5-5 的实验结果互相印证。

未被稳定化碳含量和在退火过程中 NbC 回溶释放的碳原子是其提高烘烤硬化性能的主要原因。一般当热处理制度相同时，随成分改变，未稳定化碳含量的变化趋势与固溶碳含量的变化趋势往往是一致的。根据 MC 的固溶度积公式 $K_{MC} = [M] \cdot [C] = 10^{A-B/T}$，当温度 T 一定时随 $[C]$ 增大，$[Nb]$ 值将减小，因此未稳定化的碳含量越高，则退火时 NbC 的回溶量越少，必将导致回溶的 NbC 相在冷却过程中重新析出量减少。因此当退火温度、缓冷段冷却速度等工艺参数波动难以避免时，适当提高未稳定化的碳含量可提高烘烤硬化性能的稳定性。

在实际生产中，连续退火生产线各个工艺参数的波动均可能对烘烤硬化性能产生影响。从成分控制角度，适当提高总碳含量或减少 Nb、Ti 含量能减少连续退火温度和退火后冷却速度对固溶碳和烘烤硬化性能的影响，但考虑到固溶碳含量过高会损害冲压成型性能（降低 r 值）并降低抗自然时效性能，因此热轧板中的总碳含量不宜太高。

5.4.2 碳原子晶界偏聚问题的探讨

5.4.2.1 碳原子晶界偏聚问题的动力学探讨

碳原子晶界偏聚主要原因是溶质原子碳与基体原子铁之间的弹性作用。与基体原子相差较大的碳原子在完整晶体内原子尺寸的局部微区引发的晶格畸变能是巨大的，为了降低能量，碳原子将偏聚到能量较低的位错、晶界处。碳原子晶界偏聚量主要受三个因素影响：（1）偏聚区体积；（2）偏聚温度；（3）偏聚时间。偏聚区体积实际与单位体积的晶界面积有关，主要受晶粒尺寸的影响。冷却过程所经历的温度区间间接反映了偏聚温度的大小，而冷却速度快慢间接地反映了偏聚时间的长短。

A 偏聚温度

第 4 章提到在过时效后冷却过程中碳原子发生明显晶界偏聚导致钢板烘烤硬化性能下降。生产 ULC-BH 钢过程中碳原子的晶界偏聚往往发生在低温冷却过程中。温度是影响碳原子晶界偏聚的重要因素。当溶质含量 c_0 远小于 1 时，雍岐龙[112]对 McLean 关于溶质原子在晶体缺陷处内吸附的关系式[125]进行了简化：

$$c_g = c_0 \exp\left(\frac{\Delta G_1}{RT}\right) \tag{5-1}$$

式中　c_g——超低碳烘烤硬化钢板溶质原子碳在晶界内偏聚浓度；

　　　c_0——基体内平衡固溶浓度；

　　　ΔG_I——偏聚自由能即溶质原子在完整晶体点阵内和在晶界区域
所产生的摩尔晶格畸变能差值，为正值，kJ/mol；

　　　T——绝对温度。

碳原子在铁素体中晶界偏聚自由能 ΔG_I 为[126]：

$$\Delta G_I = 57000 + 21.5T \tag{5-2}$$

晶界偏聚动力学表明，初始时未发生晶界溶质偏聚的材料在某温
度下保温 t 秒时间后晶界的溶质浓度 c_{gt} 与最终平衡偏聚的溶质浓度 c_g
之间的关系为[125]：

$$\frac{c_{gt} - c_0}{c_g - c_0} = 1 - \exp\left(\frac{4D_{C-\alpha}t}{\alpha^2 h}\right)\mathrm{erfc}\left(\frac{2\sqrt{D_{C-\alpha}t}}{\alpha h}\right) \tag{5-3}$$

式中　h——偏聚层厚度；

　　　$D_{C-\alpha}$——溶质元素在该温度下在铁基体中的扩散系数[31]。

误差函数的定义为：

$$\mathrm{erfc}\,x = \frac{2}{\sqrt{\pi}}\int_x^\infty \mathrm{e}^{-y^2}\mathrm{d}y \tag{5-4}$$

$$D_{C-\alpha} = 5.2 \times 10^{-4}\exp\left(-\frac{9000}{T}\right) \tag{5-5}$$

当温度 T 一定时，溶质在晶界的富集系数 $\alpha = c_g/c_0$ 可由式(5-1)
和式(5-2)联立求解获得。当偏聚温度 T 分别为 140℃、190℃、
240℃、偏聚时间 t 均为 20min 时，当达到平衡偏聚时碳原子的晶界
富集系数 α 分别为 215113318、35932242、8487519。根据 Jun 等的研
究结果[61]，认为 ULC-BH 钢碳原子晶界偏聚层厚度 h 为 2nm。将 T、
t、h、α 代入式(5-3)和式(5-5)中，解得偏聚温度为 140℃、
190℃、240℃，偏聚时间为 20min 时，$\dfrac{c_{gt} - c_0}{c_g - c_0}$ 分别为 7.69×10^{-7}、

1.50×10^{-5}、1.63×10^{-4}。根据 $\dfrac{c_{gt} - c_0}{c_g - c_0}$ 值和 α 值计算得到 140℃、

190℃、240℃时$\frac{c_{gt}}{c_0}$值分别为 166.86、538.53、1386.17。

当 10 号退火水冷板晶粒等效直径 D 为 11.7μm，考虑到未稳定化碳含量约为 0.001%，根据图 5-11 估计固溶碳含量约为 0.0013%。其中晶界碳含量为：

$$\frac{w(C)_{晶界}}{w(C)_{晶内}} = \frac{c_{gt}}{c_0} \times \frac{3h}{D} \tag{5-6}$$

式中　　$w(C)_{晶界}$——晶界的碳含量；

$w(C)_{晶内}$——晶内的碳含量。

将 $h = 2nm$、$D = 11.7μm$、$\frac{c_{gt}}{c_0}$ 值代入式（5-6）中，分别得到在 140℃、190℃、240℃ 偏聚 20min，晶界碳的量分别为 0.0001%、0.00028%、0.00054%。这与前文烘烤硬化性能的变化趋势基本是一致的，但相对 BH_2 值的变化，碳原子晶界偏聚量计算值偏低，可能存在碳原子非平衡晶界偏聚现象，导致碳原子晶界偏聚量偏高。

B　冷却速度

在等速冷却过程中，碳原子开始发生明显的晶界偏聚对应的温度 T_0，从开始偏聚温度 T_0 以恒定冷速 v 冷却到 $T_t = 293.15K$ 所用时间 t_m 可表征为：

$$t_m = \frac{T_0 - T_t}{v} \tag{5-7}$$

在以恒定速度 v 冷却过程中碳原子的扩散系数 $D_{C-\alpha}$ 为关于时间 t 的函数：

$$D_{C-\alpha} = D(t)$$

$$D(t) = 5.2 \times 10^{-4} \exp\left(-\frac{9000}{T_0 - vt}\right) \tag{5-8}$$

在以速度 v 冷却到室温（293.15K）过程中碳原子的扩散距离 x 与扩散系数 $D(t)$ 符合如下关系式：

$$dx^2 \propto D(t) \cdot dt \tag{5-9}$$

将式 (5-5) 代入式 (5-9) 中：

$$x^2 \propto \int_0^{t_m} 5.2 \times 10^{-4} \exp\left(\frac{9000}{vt - T_0}\right) \cdot \mathrm{d}t \tag{5-10}$$

$$x^2 \propto \frac{4.68}{v}\left[-\exp\left(\frac{-9000}{T_t}\right) \times \left(\frac{T_t}{9000} + \frac{T_t}{8.1 \times 10^7}\right) + \right.$$

$$\left. \exp\left(\frac{-9000}{T_0}\right) \times \left(\frac{T_0}{9000} + \frac{T_0}{8.1 \times 10^7}\right) \right] \tag{5-11}$$

令　　　$$A = -\exp\left(\frac{-9000}{T_t}\right) \times \left(\frac{T_t}{9000} + \frac{T_t}{8.1 \times 10^7}\right) +$$

$$\exp\left(\frac{-9000}{T_0}\right) \times \left(\frac{T_0}{9000} + \frac{T_0}{8.1 \times 10^7}\right)$$

因为 $T_t < T_0$，所以 $A > 0$，且当 T_t、T_0 一定时，A 为定值，因此碳原子的扩散距离 x 与冷速 $v^{0.5}$ 成反比关系，即 $x \propto v^{-0.5}$，可见增加冷却速度能减少碳晶界偏聚，这个结论与前文实验结果是一致的，如第 4 章实验结果表明，在连续退火生产中，增加过时效后的冷却速度获得较大的烘烤硬化性能。

C　探讨可能存在的碳原子非平衡晶界偏聚问题

根据前文的实验结果，碳原子晶界偏聚能明显降低钢板的烘烤硬化性能。这预示着可能不仅仅发生平衡晶界偏聚，也有可能发生了非平衡晶界偏聚。前文的分析主要基于平衡晶界偏聚的情况。如果发生非平衡晶界偏聚，将会有更多的碳原子偏聚到晶界。

假设碳原子发生非平衡晶界偏聚，将可能出现以下现象：由于冷却速度较快，钢板内可能存在较多的空位。基体内的碳原子和空位可能结合生成空位-碳原子复合体，并向晶界扩散，在靠近晶界处分解，在晶界处产生碳原子簇，引起了晶界的过量硬化。空位-溶质原子复合体的扩散速度远远大于溶质原子本身的扩散速度，因此在低温加热时效过程中空位-碳原子复合体将以较快的速度扩散到晶界。空位-溶质原子复合体扩散到晶界将导致非平衡偏聚的发生，晶界处的碳原子浓度和偏聚层厚度都大于平衡偏聚时的情况。由于碳原子非平衡偏聚将使晶界捕捉更多的碳原子，因此将明显降低基体内的碳原子数量，从而减少烘烤硬化性能。

目前对非平衡偏聚现象做了大量的研究成果[127]。已经发现 B、P、S、Sb、Sn、Cr、Ti、Al 等元素均有非平衡偏聚特性。目前仍未报道碳原子的非平衡偏聚问题。由于检测手段、方法的限制使得碳原子的非平衡晶界偏聚研究存在较大的困难。为了更深入研究碳原子非平衡晶界偏聚对烘烤硬化性能的影响，需要克服诸多困难继续深入研究。

5.4.2.2　探讨晶粒尺寸对晶界偏聚的影响

根据前文提到的计算方法，通过计算同样发现，当 10 号退火水冷板在 190℃下保温 20min 做偏聚处理时，晶粒尺寸分别为 11.7μm、18.6μm、26.9μm、65.5μm 的 10 号退火板中碳原子晶界偏聚量分别为 0.00028%、0.00019%、0.00014%、0.00006%，可见随晶粒尺寸增大，碳原子晶界偏聚量明显减少，计算结果与前文实验得到的空冷样和水冷样烘烤硬化值差值变化规律一致。以上计算虽未考虑不同晶粒尺寸的钢板由于位错密度的差别也可能对晶界偏聚产生影响，但随晶粒尺寸变化对碳原子晶界偏聚量影响的基本趋势是一致的。

一般来讲，等轴晶组织的钢板单位体积晶界面积 $S = 3/D$。其中 D 为晶粒的等效直径。随着晶粒尺寸减小，晶界面积增大，存储于晶界处的碳总量高于粗晶粒结构。晶界面积对碳原子晶界偏聚的影响主要体现在碳原子数量与可以容纳碳原子的晶界面积的相对量，主要与两个因素有关：

（1）当晶粒尺寸很大，而晶界面积明显偏低时，此时受晶界面积的影响，偏聚区体积相对缩小，导致碳原子晶界偏聚量偏低。

（2）晶粒尺寸较大时，晶内位错密度偏低，作为碳原子快速扩散通道的扩散载体位错数量较少，导致碳原子晶界偏聚速度较慢。

在生产 ULC-BH 钢过程中，由于过时效后冷却速度的大小波动将导致碳原子晶界偏聚量的差别，从而影响钢的烘烤硬化性能。当晶粒尺寸较小时，碳原子晶界偏聚受到冷却速度的影响很大；而晶粒尺寸较大时，由于本身碳原子晶界偏聚量很少，冷却速度对碳原子晶界偏聚的影响很小。连续退火过时效后冷却速度出现波动时，大晶粒尺寸钢板的烘烤硬化值的波动较小，因此可通过提高晶粒尺寸来达到稳定化烘烤硬化性能的效果。

　　目前在实际生产中晶粒尺寸受成分、终轧温度、冷轧压下率、退火温度等多因素影响。通过合理控制成分和工艺参数适当提高晶粒尺寸是增加烘烤硬化值和烘烤硬化性能稳定性的重要方法。下文将重点讨论晶粒尺寸的控制方法。

6 超低碳烘烤硬化钢晶粒尺寸控制

6.1 概述

在连续退火过程中碳原子晶界偏聚对烘烤硬化性能有重要影响，而晶粒尺寸对碳原子晶界偏聚量有重要的影响。适当地增加晶粒尺寸可减少晶界面积，减少碳原子晶界偏聚量，减小过时效后冷却速度波动对烘烤硬化性能的影响，从而提高烘烤硬化性能的稳定性。冷轧退火板的晶粒尺寸主要和两个阶段有关：再结晶阶段和晶粒长大阶段。本章首先探讨了再结晶和晶粒长大规律，并从成分和工艺角度探讨了晶粒尺寸的影响因素。

6.2 实验材料和方法

本章实验材料和第 3 章相同。研究再结晶规律所用材料为表 3-1 中的 4 号、14 号、16 号钢板，其热轧、卷取、冷轧工艺均采用基准工艺参数。研究再结晶规律的热模拟实验和显微硬度测量实验见第 3 章。

研究晶粒尺寸的影响因素所用的材料的生产过程主要采用基准工艺，当基准工艺某个参数改变时，其他参数仍沿用基准工艺参数，主要工艺过程见第 3 章。

6.3 实验结果与讨论

6.3.1 冷轧板的再结晶和晶粒长大规律

连续退火再结晶过程是在晶粒长大之前的阶段。再结晶过程中组织的变化过程不仅影响退火钢板晶粒尺寸，也是退火钢板获得超深冲性能的关键条件。再结晶温度、再结晶快慢、形核率等均会对退火板晶粒尺寸产生影响。通过模拟处理，探讨典型成分的 ULC-BH 钢板随温度变化，再结晶和晶粒生长规律，不仅为制定合适的连续退火生产工艺提供参考，也将为更进一步理解成分、第二相析出、冷轧压下率等对晶粒尺寸的影响提供参考。

6.3.1.1　冷轧板组织随退火温度上升的变化过程

冷轧板在加热过程中将发生回复、再结晶、晶粒长大三阶段。钢板进行冷轧要消耗较多的能量，这些能量绝大部分以热能的形式损失掉，其中有约百分之十几的能量以形变储能的形式储存在铁素体变形组织中。形变储能主要依附于点缺陷、位错、层错等缺陷形式在晶体中存在。形变储能是冷变形金属在加热时发生回复与再结晶的驱动力[128]。

A　回复阶段

回复是冷轧钢板退火时最早发生的组织变化过程，包括点缺陷消除、位错的对消和重排、多边形化和亚晶形成等。回复阶段不涉及大角度晶界迁动，无法从金相组织明显看到回复过程中组织变化情况，但在回复过程中，缺陷逐渐减少和消除，形变储能减少。

回复和再结晶阶段可以通过两种方式确定：（1）观察金相组织的变化（图 6-1）；（2）观察硬度的变化（图 6-2）。从图 6-1、图 6-2可以看出：16 号钢热模拟加热温度为 600～640℃之间时，冷变形组织变化不大，仍为沿轧向拉长的带状变形晶粒，硬度变化较小，表明只发生了回复。

B　再结晶阶段

再结晶是通过形核和长大来消除形变和回复基体的过程。再结晶的驱动力是回复后剩余的那部分形变储能。其中再结晶温度指的是一定时间内刚好完成再结晶的温度。本书规定在温度 T 保温 60s 再结晶组织达到 95% 时的温度为再结晶完成温度。

由图 6-1 和图 6-2 可见：在 660℃加热后，16 号冷轧板形变组织

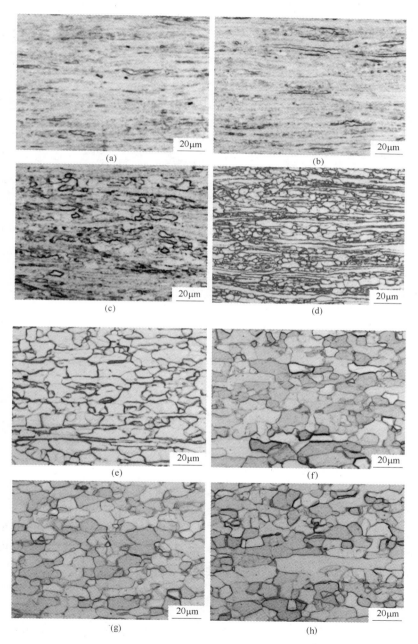

(a)   (b)

(c)   (d)

(e)   (f)

(g)   (h)

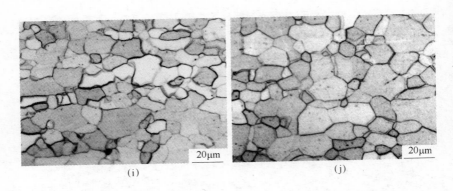

图 6-1　不同退火温度下 16 号钢的金相照片

(a) 600℃；(b) 640℃；(c) 660℃；(d) 680℃；(e) 700℃；
(f) 720℃；(g) 740℃；(h) 760℃；(i) 780℃；(j) 860℃

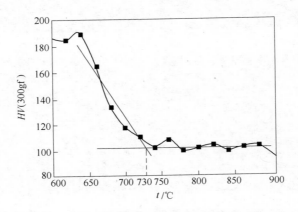

图 6-2　16 号钢显微硬度随温度变化的曲线

中出现了较少的小晶粒，表明再结晶已经开始，此时硬度显著下降；进一步提高加热温度，再结晶晶粒数量明显增加，到 720 ~ 730℃时基本完成再结晶，温度继续提高硬度变化不明显。

C　再结晶后的晶粒长大阶段

由图 6-1 可以看出，随热模拟加热温度从 720℃逐渐升至 860℃，

再结晶晶粒尺寸逐渐增大，且晶粒形貌由扁平状逐渐等轴化。16 号冷轧钢板随热模拟加热温度上升，晶粒尺寸明显增加，如图 6-3 所示。热模拟加热温度在 720℃ 和 900℃，对应的晶粒等效直径分别为 8.0μm 和 14.0μm。

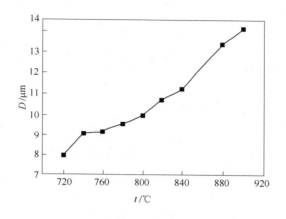

图 6-3　16 号钢板铁素体晶粒尺寸随退火温度的变化

6.3.1.2　稳定化元素对再结晶的影响

不同成分钢板的再结晶开始温度和完成温度见表 6-1。从表 6-1 可以看出，再结晶开始温度从低到高为 14 号 < 16 号 < 4 号。根据表 6-1 成分，Nb 含量：14 号 < 16 号 ≈ 4 号；而 Ti 含量：14 号 < 16 号 < 4 号。由此可见，Nb、Ti 含量越低，再结晶温度越低，这主要是由于在铁素体区生成的 NbC、TiC 第二相颗粒较少的缘故。一般来讲，第二相粒子有两方面的作用：（1）增加形变储能增加再结晶的驱动力；（2）细小弥散分布的第二相粒子钉扎晶界，阻碍晶界迁动。铁素体相区析出的 NbC、TiC 颗粒的尺寸较小且弥散分布，对再结晶的阻碍作用占主要因素。随 Nb、Ti 含量减小，Nb、Ti 的碳化物析出量减少，第二相析出的阻碍作用减少，再结晶温度降低，这必将使再结晶在较低温度下完成，相对而言扩大了再结晶完成后的晶粒长大阶段，有利于获得较大的铁素体晶粒尺寸。

表 6-1　不同成分钢板的再结晶开始和完成温度

序号	再结晶温度/℃		化学成分/%				Ti/N 原子比
	开始	完成	C	N	Nb	Ti	
14 号	640	720	0.0024	0.0033	0.008	0.001	0.09
16 号	660	730	0.0036	0.0033	0.012	0.009	0.78
4 号	700	760	0.0038	0.0028	0.012	0.017	1.78

6.3.2　晶粒尺寸的影响因素

考虑碳原子晶界偏聚量直接受再结晶晶粒尺寸的影响。通过成分和工艺手段调节再结晶晶粒大小是稳定化控制烘烤硬化性能的重要手段。退火冷轧板再结晶晶粒尺寸与两个因素有关：（1）退火过程中再结晶，包括再结晶温度、再结晶快慢、形核率等；（2）再结晶晶粒的长大速度，主要与成分和退火工艺有关。

6.3.2.1　稳定化元素含量的影响

A　Nb 含量对晶粒尺寸的影响

Ti 含量相同的 1 号、2 号、5 号、9 号的钢板在相同的工艺下退火（830℃ ×60s）。随 Nb 含量增加，晶粒尺寸逐渐减少，如图 6-4 和图 6-5 所示。可以预见 Nb 含量较高时，将析出较多的Nb(C,N)沉淀。细小 Nb(C,N) 沉淀物在退火期间阻碍再结晶和晶粒长大。

根据晶粒长大的驱动力和第二相对晶粒长大的阻力（钉扎力）的平衡可以得到如下形式关系式[112]：

$$D_c = A \frac{d}{f} \tag{6-1}$$

式中　D_c——临界晶粒尺寸；

　　　A——比例系数；

　　　d——第二相颗粒的平均直径；

　　　f——第二相体积分数。

图 6-4 Nb 含量不同的 1 号、2 号、5 号、9 号钢板的晶相照片

(a) 1 号钢, $D = 12.16\mu m$; (b) 2 号钢, $D = 12.33\mu m$;

(c) 5 号钢, $D = 12.71\mu m$; (d) 9 号钢, $D = 14.58\mu m$

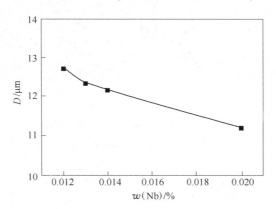

图 6-5 当 Ti 含量基本相同（约 0.01%）时,

不同 Nb 含量对晶粒尺寸的影响

从式（6-1）可以看出，随第二相体积分数 f 增加，晶粒尺寸减小。Nb、Ti 含量较多时，必引起第二相体积分数为 f 的增加，从而导致晶粒尺寸较小。

由透射电镜观察发现，超低碳烘烤硬化钢热轧板晶界附近有很多细小弥散的 Nb(C,N) 析出，析出密集程度超过晶内，且析出尺寸略大于晶内析出，如图 6-6（a）所示。可以设想 NbC 在晶界及其附近的析出过程：在高温冷却和卷取过程中，NbC 在晶界周围密集分布的位错处形核可松弛一部分位错的畸变能[129]；此外，位错管道作为快速扩散通道对溶质富集形成核心提供有利条件。在冷轧后冷却过程中 NbC 粒子在晶界及其周围密集位错处析出。由于晶界处扩散明显高于体扩散，沉淀物将通过 Ostwald 熟化机制而粗化[129,130]。可以推测冷轧后这些第二相析出仍将分布于冷轧拉长的晶粒的晶界附近，从而阻碍再结晶的发生。退火板中 10nm 左右的 Nb(C,N) 析出的钉扎效应将阻碍晶粒长大，如图 6-6（b）所示。

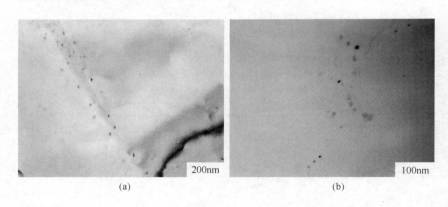

（a）   （b）

图 6-6   热轧板和退火板中 Nb(C,N) 析出状态的 TEM 照片
（a）热轧板晶界处的析出；（b）退火板晶内析出

B   Ti 含量的影响

选取 Nb 含量相同 Ti 含量不同的 3 号、5 号、4 号钢板在相同的工艺下退火（830℃×60s）。随 Ti 含量增加，晶粒尺寸逐渐减少，如

图 6-7 和图 6-8 所示。图 6-8 表明当 Nb 含量一定时,减小 Ti 含量也能有效地增加晶粒尺寸。

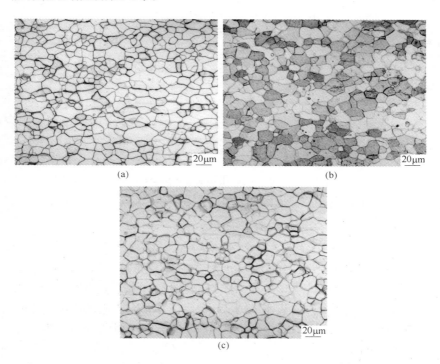

图 6-7 Nb 含量不同的 4 号、5 号、3 号钢板的晶相照片

(a) 4 号钢, $D = 11.74\mu m$; (b) 5 号钢, $D = 12.71\mu m$;

(c) 3 号钢, $D = 13.14\mu m$

在 Nb-Ti 处理的 ULC-BH 钢中,Ti 在奥氏体区主要与 N 结合生成 TiN 沉淀,TiN 的固溶度积远远小于 TiC,TiN 主要在奥氏体相区较高温度析出,而少量的 TiC 较多在铁素体相区析出;NbC 几乎全部在铁素体相区析出。考虑到 TiN 析出尺寸很大(一般超过 $0.1\mu m$)、数量很少,对晶粒长大的钉扎作用很小,因此对晶粒尺寸的影响较小。根据式(6-1),随第二相颗粒平均直径 d 的减少和第二相体积分数的增加,晶粒长大的钉扎力增大,晶粒的临界尺寸减小。铁素体区析出的 Nb、Ti 碳氮化物更加细小且弥散,因此第二相越倾向于在铁素体区

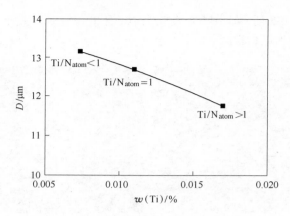

图 6-8   当 Nb 含量相同（约 0.012%）时，
Ti 含量对晶粒尺寸的影响

析出，对晶界的钉扎作用往往越明显。

当 Ti/N 原子比（Ti/N_{atom}）小于 1 时，多余的 N 在奥氏体相区与一定量 Nb 结合生成较多的 NbN 沉淀，导致在铁素体相区析出的 Nb(C,N)颗粒数量相对减少，第二相对晶粒长大的阻力较小。随 Ti 含量增大，Ti/N_{atom} 增大，更多的 N 与 Ti 结合，奥氏体相区析出的 NbN 量相对减少，促使更多细小的 NbC 颗粒在铁素体相区析出，第二相对晶粒长大的钉扎作用增大。特别是当 Ti/N_{atom} 大于 1 时，由于 N 几乎全部与 Ti 结合生成 TiN 沉淀，过量的 Ti 和 Nb 与 C 结合生成细小的铌钛的碳化物对晶界的钉扎作用更大，因此再结晶晶粒尺寸更加细小。以上分析表明，增加 Ti 含量不仅增加第二相的析出体积 f，也增加了铁素体相区相对析出量，第二相颗粒的平均直径 d 因此而减小，临界晶粒直径 D 因 f 的增加和 d 值的减小而减少。

在实际生产中，适当地减少 Ti 含量不仅有利于增加晶粒尺寸，减少碳原子晶界偏聚，也会增加未稳定化碳含量，减少 NbC 的回溶量。因此适当地减少 Ti 含量有利于固溶碳的稳定化控制。减少 Nb 含量也会起到与减少 Ti 含量相同的作用。

C   在退火温度变化时，成分对晶粒长大速率的影响

实验钢化学成分含量及晶粒尺寸见表 6-2。从表 6-2 中可以看出，

随 Nb 含量的减小，退火温度从 790℃ 升高到 850℃，晶粒尺寸增加量（$D_{850℃} - D_{790℃}$）变大，可见减小 Nb 含量能提高晶粒长大速度。同样在原有 Nb 含量基础上，减小 Ti 含量或减小 Ti/N 原子比也会提高晶粒的长大速度。这可从两个角度分析：

（1）晶粒大小与第二相析出颗粒的体积、尺寸有关。在退火过程中由于析出颗粒对晶界的钉扎作用减缓了晶粒的长大速率。随 Nb、Ti 含量增加，铁素体区析出的第二相颗粒体积逐渐增大，对退火再结晶晶粒晶界的钉扎作用逐渐加大，晶粒长大速度减缓。

（2）一般来讲，由于混合熵的作用，高元第二相相应元素在铁素体区的固溶度较低元第二相中相同元素在铁基体中的固溶度将减小[107]。当 N 含量一定时，随 Ti 含量的增加，Ti/N 原子比逐渐增大，当铁素体区过量的 Ti 将和 Nb、C 形成复合第二相时，Ti、Nb 形成的第二相的回溶量减少了，这对于晶粒长大是不利的。而当 Ti、N 原子比小于 1 时，过量的 N 与 Nb 结合，细小的 NbC 颗粒的析出量减少，有利于 NbC 回溶，晶粒的长大速度因而提高。

另外，减小 C 含量也有利于提高晶粒的长大速度。根据 MC 相的固溶度积公式：$K_{MC} = [M] \cdot [C] = A - B/T$，减少 C 含量导致未稳定化 C 含量减少，促进退火时 NbC 的回溶量增加，也有利于减少第二相对晶界的钉扎，提高晶粒的长大速度。

表6-2 对比 C、N、Nb、Ti 化学含量和晶粒尺寸

序号	实验钢的化学成分/%				$w(C)_{unstable}$ /%	原子比		晶粒尺寸/μm		
	C	N	Nb	Ti		Nb/C	Ti/N	$D_{790℃}$	$D_{850℃}$	$D_{850℃} - D_{790℃}$
15 号	0.0027	0.0028	0.006	0.0006	0.0019	0.3	0.06	12.2	17.42	5.2
18 号	0.0030	0.0041	0.007	0.016	0.0016	0.3	1.1	8.6	12.20	3.6
19 号	0.0036	0.0029	0.01	0.005	0.0023	0.4	0.5	9.07	12.29	3.2
17 号	0.0053	0.0028	0.02	0.001	0.0027	0.5	0.1	8.37	9.36	1.0

注：$D_{790℃}$、$D_{850℃}$ 分别表示退火温度分别为 790℃、850℃ 加热 60s 得到的退火板的晶粒尺寸。

6.3.2.2　退火工艺参数的影响

A　退火温度的影响

将冷轧压下率均为 80% 的 2 号和 17 号冷轧板分别在 790℃、810℃、830℃、850℃保温 60s，得到冷轧退火板，如图 6-9 和图 6-10 所示。可见随退火温度的增加，晶粒尺寸明显增大。其中，退火温度 790℃、810℃、830℃、850℃对应的 17 号钢的晶粒尺寸分别为 8.3μm、8.5μm、8.6μm、9.4μm，而对应的 2 号钢的晶粒尺寸分别为 9.1μm、11.5μm、12.3μm、13.0μm。在相同的退火条件下 17 号的晶粒尺寸较小，且晶粒大小受退火温度的影响较小。

根据表 3-1，17 号钢中 Nb、Ti、C 含量比 19 号钢高，可以预见

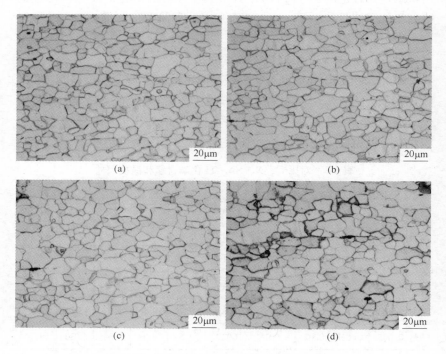

图 6-9　不同退火温度时 17 号钢的金相照片

(a) 790℃；(b) 810℃；(c) 830℃；(d) 850℃

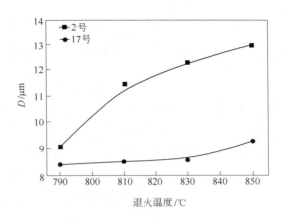

图 6-10　退火温度对晶粒尺寸的影响

17 号冷轧板中有较多的 $M(C,N)$ 相析出，析出相的钉扎效应有效减缓晶界的迁移速度，阻碍了晶粒的长大，导致 17 号钢晶粒长大速度较慢且晶粒尺寸较小，这与前文的研究结论是一致的。

B　退火保温时间的影响

将冷轧压下率均为 80% 的 2 号冷轧板在 830℃分别保温 30s、60s、90s 和 120s，得到冷轧退火板，如图 6-11 和图 6-12 所示。可见退火保温时间对晶粒尺寸几乎没有影响。

6.3.2.3　冷轧压下率的影响

将 12 号热轧钢板以不同的压下率（35%、65%、80%、88%）进行冷轧，经过 850℃×60s 退火后得到退火板的晶粒尺寸分别为 25.6μm、14.8μm、13.1μm、11.2μm，如图 6-13 所示。可见随冷轧压下率的增加，冷轧退火板晶粒尺寸明显减少。冷轧压下率的增加产生两种影响：（1）冷轧板厚度变薄，当退火条件一定时，加热速度增快，减少了回复阶段，迅速达到组织变化所需的热激活状态，从而有利于再结晶进行；（2）较大的冷轧压下率有利于获得较高的形变储能，促进再结晶过程提前发生、并缩短再结晶周期。可见，两种影响均有利于加速再结晶形核，提高再结晶形核率，再结晶刚完成的晶

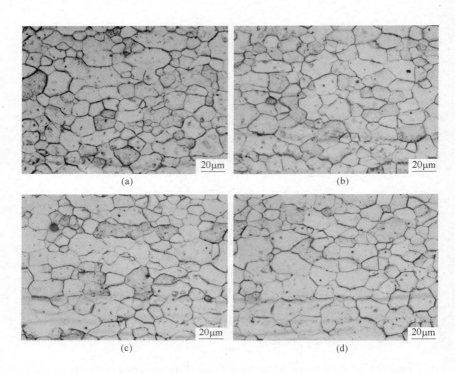

图 6-11   不同退火保温时间退火板的金相照片

(a) 830℃×30s；(b) 830℃×60s；(c) 830℃×90s；(d) 830℃×120s

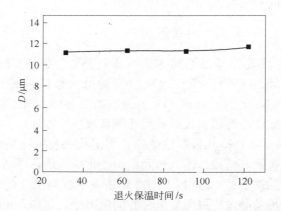

图 6-12   退火保温时间对 2 号钢板晶粒尺寸的影响

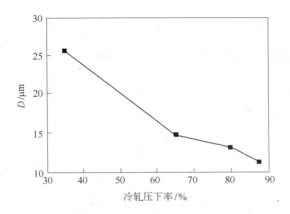

图 6-13   冷轧压下率对 12 号钢晶粒尺寸的影响

粒尺寸较小。反之，压下率较小时，晶粒分布不均匀，晶界面积小的晶粒越多，这类晶粒更容易收缩，从而加速晶粒长大[128]。

6.3.2.4   终轧温度的影响

将 16 号的热轧终轧温度分别为 860℃、910℃、940℃，经过冷轧和 830℃ × 60s 退火后，退火板的晶粒尺寸为 10.7μm、12.6μm、13.1μm，如图 6-14 ~ 图 6-16 所示。可见热轧终轧温度越高，则退火板晶粒尺寸越大。

奥氏体区终轧时，随终轧温度升高，变形抗力降低，同样变形条件下高温终轧产生的形变储能较小，以致位错密度较小，变形过程中动态回复后期所形成的亚晶数量较少，奥氏体组织的晶粒破碎程度较低，晶粒尺寸较大。奥氏体晶粒越大，则晶界面积越小。而铁素体往往在奥氏体晶界形核，因此拥有粗大晶粒的奥氏体组织相变后，容易生成较大的铁素体组织。当终轧温度很低，在两相区轧制时，最终获得的铁素体晶粒尺寸更加细小且出现混晶组织[131,132]。

如图 6-16 所示，热轧终轧温度分别为 860℃、910℃、940℃的热轧板的晶粒尺寸分别为 17.1μm、28.5μm、55.3μm。由于冷轧组织会一定程度遗传原热轧板的一些组织特征。终轧温度较高时形成粗大晶粒的热轧板经冷轧变形后，形变储能较低，导致退火再结晶形核率

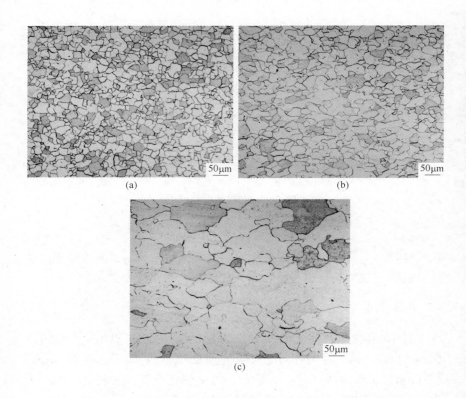

(a)

(b)

(c)

图 6-14   终轧温度对热轧板晶粒尺寸的影响

（a）终轧温度 860℃；（b）终轧温度 910℃；（c）终轧温度 940℃

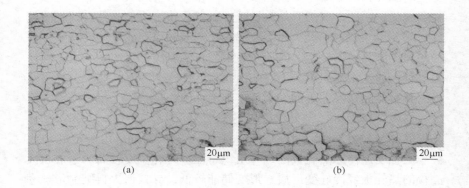

(a)

(b)

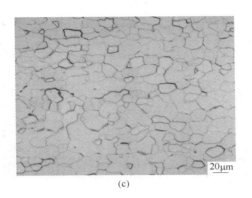

(c)

图 6-15 终轧温度对退火板晶粒尺寸的影响

（a）终轧温度 860℃；（b）终轧温度 910℃；（c）终轧温度 940℃

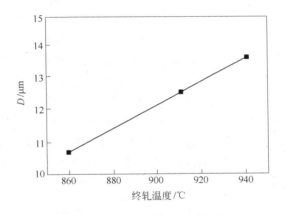

图 6-16 终轧温度对 16 号钢退火板晶粒尺寸的影响

较低且尺寸分布不均，在退火后获得的退火组织晶粒尺寸较大。

6.3.2.5 卷取温度的影响

热轧后卷取温度分别为 710℃和 640℃的 1 号、5 号、9 号成分的冷轧板，经过 830℃ ×60s 退火后，得到的不同卷取温度的冷轧退火板。卷取温度对晶粒尺寸的影响如图 6-17 所示。

从图 6-17 中可以看出，1 号、5 号、9 号卷取温度 710℃对应

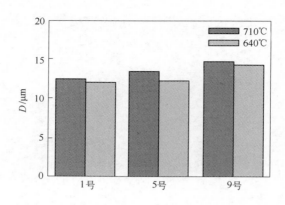

图 6-17　卷取温度对晶粒尺寸的影响

的晶粒尺寸为 12.2μm、13.5μm、14.6μm，而卷取温度 640℃ 对应的晶粒尺寸为 12.0μm、12.2μm、14.1μm。710℃ 比 640℃ 的退火板的晶粒尺寸略微大一点，只有 0.2~1.3μm，金相照片如图 6-18 所示。可见卷取温度对晶粒大小也略有影响，考虑到低温卷取生成更为细小弥散的 Nb(C, N) 颗粒，在退火过程中阻碍再结晶，导致最终铁素体晶粒长大过程缩短，再结晶晶粒尺寸较为细小。另外，低温卷取时 NbC 析出不充分，钢板内过饱和固溶的 Nb 和 C 较多，在退火过程中进一步析出细小的 NbC 颗粒阻碍再结晶和晶粒长大。总体来讲，卷取温度相差不大，对退火板晶粒尺寸的影响不大。

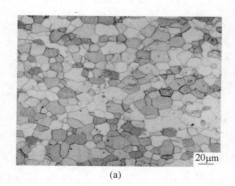

(a)

(b)

图 6-18 不同卷取温度冷轧退火板的金相照片

(a) 640℃卷取；(b) 710℃卷取

6.3.2.6 小结

前文实验结果表明，稳定化元素、工艺参数均影响 ULC-BH 钢退火板的铁素体晶粒尺寸。表 6-3 所示为铁素体晶粒尺寸的影响因素。

表 6-3 铁素体晶粒尺寸的影响因素

工艺	工 艺 参 数		$\Delta D/\mu m$	$D/\mu m$
	参　数	变化范围		
成分	$w(Nb)/\%$	0.02 ~ 0.012	↑1.5	11.2 ~ 12.7
	$w(Ti)/\%$	0.017 ~ 0.007	↑1.4	11.7 ~ 13.1
热轧	终轧温度/℃	860 ~ 940	↑2.4	10.7 ~ 13.1
	卷取温度/℃	640 ~ 710	↑0.2 ~ 1.3	12.0 ~ 12.2 12.2 ~ 13.5 14.1 ~ 14.6
冷轧	冷轧压下率/%	88 ~ 65	↑3.6	11.2 ~ 14.8
退火	退火温度/℃	850 ~ 790	↓1.1 ~ 3.9	8.3 ~ 9.4 9.1 ~ 13.0
	退火保温时间/s	30 ~ 120	↑↓0.7	11.3 ~ 12.0

注：ΔD 表示在成分或工艺参数的变化范围内晶粒尺寸的变化量。

从表 6-3 可见，晶粒尺寸的主要影响因素为：

（1）Nb、Ti 含量；

（2）终轧温度；

（3）退火温度；

（4）冷轧压下率。

在生产中为了减少碳原子晶界偏聚量，可通过调节成分和工艺参数来适当增加退火板铁素体晶粒尺寸。适当地减少 Nb、Ti 含量、增大终轧温度、减小冷轧压下率、增大退火温度均会提高铁素体晶粒尺寸，从而有利于减小碳原子晶界偏聚量。但调节成分和工艺可能对其他性能产生不利影响，如较多地减小 Nb、Ti 含量有可能导致固溶碳含量偏高，对抗自然时效性能产生不利影响。在调节成分和工艺时，要考虑实际情况，在不显著损害其他性能的基础上进行适当的调控。

参 考 文 献

[1] 王瑞珍，罗海文，董瀚. 汽车用高强度钢板的最新研究进展[J]. 中国冶金，2006，16 (9)：1~12.

[2] 李俊. 影响高强度汽车板发展的主要问题及其对策[J]. 世界钢铁，2006(3)：1~5.

[3] [日]中原孝善. 高强度钢板在汽车上的应用及其成型技术[J]. 高宏适，译. 世界钢铁，2006(3)：27~32.

[4] 康永林. 现代汽车板的质量控制与成型性[M]. 北京：冶金工业出版社，1999.

[5] 黄宝旭. 氮、铌合金化孪生诱发塑性（TWIP）钢的研究[D]. 上海：上海交通大学，2007.

[6] Dicello J A, George R A. Design criteria for dent resistance of auto body panels[J]. SAE Transaction, 1974, 740081：389.

[7] 姚贵升. 采用烘烤硬化钢板（BH 钢）改善汽车车身外表零件的抗凹陷性能[J]. 宝钢技术，2000(4).

[8] Dicello J A, George R A. Design criteria for the dent resistance of auto[J]. Body Panels. SAE Paper, 740081.

[9] Chung-Hsin Chen, Prabhat K Rastogi, Curt D Horvath. Effect of steel thickness and mechanical properties on vehicle outer panel performance：Stiffness, Oil Canning Load and Dent Resistance. Automotive Body materials IBEC'93 （IBEC：International Body Engineering Conference）.

[10] Hutchinson W B, Nilsson K I, Hirsch J. Annealing textures in ultra-low carbon steel[A]. Metallurgy of Vacuum-Degassed Steel Products[C], Indianapolis, Indiana, 1990：109~125.

[11] Storozheva L M. Ultralow-carbon steels for automotive industry with the effect of hardening upon drying of completed parts[J]. Metallovedeniei Termicheskaya Obrabotka Metallov, 2001 (9)：9~18.

[12] 姚贵升. 采用烘烤硬化钢板（BH 钢）改善汽车车身外表零件的抗凹陷性能[J]. 宝钢工程，2000(4)：1~7.

[13] Mizui N. Precipitation control and related mechanical properties in ULC sheet steels[A]. Modern LC and ULC sheet steels for cold forming-processing and properties[C], Aachen, Verlag Mainz, 1998：169~178.

[14] Manabu T. Metallurgical aspect of sheet steels for automobiles （1）[J]. Materials Science & Technology, 2004, 74(5).

[15] Irie T, Satoh S, Yasuda A, et al. Development of deep drawable and bake hardenable high strength steel sheet by continuous annealing of extra low carbon steel with Nb or Ti and P [A]. Metallurgy of Continuos-Annealed Sheet Steel. Ed. by B. L. B rarmfitt. TMS-A M E An-

nual Meeting[C]. Dallas Texas, 1982: 155~171.

[16] 关小军. 超低碳高强度烘烤硬化钢板研究的新进展. 汽车技术[J], 1996(12): 32~36.

[17] 姚贵升. 采用烘烤硬化钢板 (BH钢) 改善汽车车身外表零件的抗凹陷性能[J]. 宝钢技术, 2000(4): 1~6.

[18] 康永林. 国内外汽车板的现状需求和发展趋势[J]. 中国冶金, 2003(6): 18~23.

[19] 朱士风, 宋起峰. CA1092车身轻量化的研究[J]. 汽车工艺与材料, 2002, (8/9): 58~62.

[20] 李光瀛, 刘浏. 汽车板开发与生产[J]. 中国冶金, 2002(1): 15~18.

[21] 张志勤, 何立波. 阿塞勒公司汽车钢板主要品种综述及我国汽车板生产研发现状[J]. 鞍钢技术, 2004(1): 7~11.

[22] 宋浩. 鞍钢A220BH烘烤硬化冷轧钢板的开发[J]. 鞍钢技术, 1999(8): 13~18.

[23] 谭善锟. 奇瑞轿车用钢板[J]. 汽车工艺与材料, 2004(6): 59~64.

[24] 王利. 宝钢冷轧汽车板品种开发及应用[J]. 特殊钢, 2003, 24(1): 55~56.

[25] 王利, 陆匠心. 宝钢冷轧汽车板品种开发应用及发展[J]. 中国冶金, 2003(8): 23~25.

[26] 彭涛, 钟定忠. 武钢汽车用钢新品种的开发与发展[C]//中国金属学会. 2001中国钢铁年会论文集. 北京: 冶金工业出版社, 2001.

[27] 关小军. 超低碳高强度烘烤硬化钢板[M]. 济南: 山东科学技术出版社, 2000.

[28] 李东升, 李雪峰, 周贤宾. 汽车板材烘烤硬化特性的研究[J]. 精密成型工程, 2001, 19(2): 14~17.

[29] 关小军, 周家娟, 王先进, 等. 热轧终轧条件对ELC-BH钢板 A_{r_3} 的影响[J]. 物理测试, 1998, 2: 25~28.

[30] Matlock D K, Allan B J, Speer J G. Aging behavior and properties of ultra low carbon bake hardenable steels[A]. Modern LC and ULC sheet steels for cold forming-processing and properties[C], Aachen, Verlag Mainz, 1998: 265~276.

[31] Cottrell A H, Bilby B A. Dislocation theory of yielding and strain ageing of iron[J]. *Proc. Phys. Soc.*, 1949, A62: 49~62.

[32] Bullough R, Newman R C. The flow of impurities to an edge dislocation[J]. *Proc. R. Soc*, 1959, A249: 427~440.

[33] Baird J D. Strain Aging of Steel—a Critical Review[J]. *Iron Steel*, 1963, 36, 186~192.

[34] Baird J D. Strain Aging of Steel—a Critical Review[J]. *Iron Steel*, 1963, 36, 326~334.

[35] Baird J D. Strain Aging of Steel—a Critical Review[J]. *Iron Steel*, 1963, 36, 368~374.

[36] Baird J D. Strain Aging of Steel—a Critical Review[J]. *Iron Steel*, 1963, 36, 400~405.

[37] Nacken M, Heller W. The Change in coercivity during aging of unalloyed mild steel[J]. *Arch. Eisenhüе ttenwes*, 1960, 31, 103.

[38] Wilson D V, Russell B. Stress induced ordering and strain-ageing in low carbon steels[J].

Acta. Metall. , 1959, 7, 628 ~ 631.

［39］ Wilson D V, Russell B. The contribution of atmosphere locking to the strain-ageing of low carbon steels［J］. Acta. Metall. , 1960, 8(1): 36 ~ 45.

［40］ Wilson D V, Russell B. The contribution of precipitation to strain ageing in low carbon steels ［J］. Acta. Metall. , 1960, 8(7): 468 ~ 479.

［41］ Snoek J L. Letter to the editor［J］. Physica, 1939, 6: 591 ~ 592.

［42］ Elsen P, Hougardy H P. On the mechanism of bake-hardening［J］. Steel Res. , 1993, 64(8, 9): 431 ~ 436.

［43］ Snick A V, Lips K, Vandeputte S, et al. Modern LC and ULC sheet steels for cold forming-processing and properties［C］, 1998, 2: 413.

［44］ Kozeschnik E, Buchmayr B. A contribution to the increase in yield strength during the bake hardening process［J］. Steel Res, 1997, 68(5): 224 ~ 230.

［45］ Abe H. Carbide precipitation during aging treatments［J］. Scand. J. Metall. , 1984, 13(4): 226 ~ 239.

［46］ Santanu K R. Metall. Trans. A, 1991, 22A, 35 ~ 43.

［47］ Leslie W C, Rauch G C. Martensite tempering behaviour relevant to the quenching and parti-tioning process［J］. Metall. Trans. A, 1978, 9A: 343 ~ 349.

［48］ Wells M G H, Butler J F. The two-stage precipitation of carbon from ferrite［J］. Trans. ASM, 1966, 59(3): 427 ~ 438.

［49］ Honeycombe R W K, Bhadeshia H K D H. Steels: microstructure and properties［M］. Lon-don: Edward Arnold, 1995: 8 ~ 9.

［50］ Rubianes J M, Zimmer P. The bake-hardenable steels ［J］. Rev. Metall. Cah. Int. Tech. , 1996, 93(1): 99 ~ 109.

［51］ Okamoto A, Takechi K, Takagi M. Sumitomo Search, 1989(39), 183 ~ 194.

［52］ 王先进, 关小军. 超低碳高强度烘烤硬化钢板的发展［J］. 国外钢铁, 1993(5): 41.

［53］ Hanai S, Takemoto N, Tokunaga Y, et al. The present work was part of a research pro-gram: Trans ［J］. ISIJ, 1984, 24: 17 ~ 23.

［54］ Haugesund, Norway. International Deep Drawing Research Group ［J］, 1987(5): 2 ~ 15.

［55］ M. Kinoshita, A. Nishimoto: Trans. ISIJ, 1988, 28: B66.

［56］ Shalfan W A, Speer J G, Findley K, et al. Effect of annealing time on solute carbon in ultra-low carbon Ti-V and Ti-Nb steels［J］. Metallurgical and Materials Transactions A, 2006, 37 (1): 207 ~ 216.

［57］ Grabke H J. Surface and grain boundary segregation on and in iron［J］. Steel Research, 1996, 57: 178 ~ 185.

［58］ Speer J G, Hashimoto S, Matlock D K. 微合金化烘烤硬化钢［A］. 汽车用铌微合金化钢板［C］, 2006: 297 ~ 304.

［59］ Meissen P, Leroy V. Steel Res. , 1989, 60(7): 320 ~ 328.

[60] Sakata K, Satoh S, Kato T, Hashimoto O. Physical metallurgy of IF steels[J]. ISIJ, 1994: 279 ~ 288.

[61] Jun Takahashi, Masaaki Sugiyama, Naoki Maruyama. Quantitative observation of grain boundary carbon segregation in bake-hardening steels[A]. Nippon Steel Technical Report[C], 2005(91): 28 ~ 33.

[62] De A K, De Cooman, Soenen B C, et al. Carbon distribution between matrix, grain boundaries and dislocations in ultra low carbon bake-hardenable steels[J]. Iron and Steelmaker, 2001, 28(9): 31.

[63] Soenen B, De A K, Vandeputte S, et al. Competition between grain boundary segregation and Cottrell atmosphere formation during static strain aging in ultra low carbon bake hardening steels[J]. Acta Materialia, 2004, 52: 3483 ~ 3492.

[64] R. Pradhan. Metallurgy of vacuum degassed steel products[C]. Warrendale, PA, TMS, 1990: 309 ~ 325.

[65] Lee C S, Zuidema B K. High strength steels for the automotive industry[C], Warrendale, PA, ISS. 1994: 103 ~ 110.

[66] Susumu Satob, Susumu Okada, Toshiyuki Kato. Development of Bake-Hardening Cold-Rolled Sheet Steels for Automobile Exposed Panels. KAWASAKI STEEL TECHNICAL REPORT. 1992(27): 31 ~ 38.

[67] Hirodhi Takechi. HSLA Steels for Automobile[A], HSLA Steels[C], 1995: 72 ~ 81.

[68] Tither G, Stuart H. Automotive steels-Recent developments in steels used in the manufacture of automobiles and trucks[A], HSLA Steels[C], 1995: 22 ~ 35.

[69] Atsushi Itami, Kohsaku Ushioda, Noritoshi Kimura et al. Development of new formable cold-rolled sheet steels for automobile body panel[A], Nippon steel technical report[C], 1995, 64: 26 ~ 31.

[70] Baker L J, Parker L D, Daniel S R. Mechnism of bake hardening in Ultralow carbon steel containing niobium and titanium addition, Materials Science and tehnology, 2002, 18: 541 ~ 547.

[71] Anthony D Jones. A Review of the development and use of ULC steels manufactured by corus group (wales) and current challenges for further development[A]. IF Steels 2000, International Conference on the Processing Microstructure and Properties of IF steels[C], ISS. 2000: 55 ~ 67.

[72] Meyer L, Heisterkamp F, Mueschenborn W. Columbian titanium and vanadium in normalised, thermomechanically treated and cold rolled steels[A]. Microalloying'75[C], New York, NY: Union Carbide Corporation, 1977: 153 ~ 167.

[73] A J, De Ardo. Physical Metallurgy of interstitial-free Steels: precipitates and solutions[A]. IF steels 2000 Proceedings[C], 2000: 125 ~ 136.

[74] Van A Cauter, Dilewijins J, Horzenberger F, et al. The influence of the C/S-Ratio on the

properties of Ti-Stabilized Enamel-S-Ratio on the properties of Ti-Stabilized enameling steels [A]. Proceedings of 39th Mechanical Working and Steel Proceeding Conference[C], ISS, 1998: 315 ~ 324.

[75] Tither G, Garcia C I, Hua M, et al. Precipitation behavior and solute effects in interstitial-free steels[A]. Physical metallurgy of IF steels [C]. ISIJ, 1994: 293 ~ 322.

[76] Satoh S, Okada S, Kato T, et al. Development of bake-hardening high-strength cold rolled sheet steels for automobile exposed panels[A]. Kawasaki Steel Technical Report[C], 1992, (27): 31 ~ 38.

[77] Obara T, Sakata K. Development of Metallurgical Aspects and Proceeding Technologies in IF Sheet Steel[A], Proceedings of 39th Mechanical Working and Steel Proceeding Conference [C]. ISS, 1998: 307 ~ 314.

[78] Pichler A, Spindler H, Kurz T, et al. Hot-Dip Galvanized Bake-Hardening Grades, a Comparion Between LC and ULC Concepts[A]. Proceedings of 39th Mechanical Working and Steel Proceeding Conference[C]. ISS, 1998: 63 ~ 81.

[79] 康永林. 汽车板的研究开发现状及发展趋势[J]. 鞍钢技术, 2003(6): 1 ~ 7.

[80] 康永林. 现代汽车板的质量控制与成型性[M]. 北京: 冶金工业出版社, 1999.

[81] 江海涛, 康永林, 于浩. 烘烤硬化汽车钢板的开发与研究进展[J]. 汽车工艺与材料, 2005(3): 1 ~ 7.

[82] kazuaki Kyono, Tetsuo Shimizu, Kei sakata, et al. Development of High Strength Grade Galvannealed Sheet Steels [A]. Galvatech'2001 [C]. Brussels, Belgium: CRM, 2001: 121 ~ 128.

[83] 崔乃俊. 日本汽车用高强度钢板[J], 国外金属材料, 1985(7): 1 ~ 7.

[84] Taylor K A, Speer J G. Development of vanadium-alloyed, bake-hardenable sheet steels for hot-dip coated applications [A]. Mechanical Working and Steel Processing [C]. *ISS MWSP*, 1998, 35: 49 ~ 61.

[85] Ohashi N, Irie T, Satoh S, Hashimoto O. SAE Technical Paper 810027, Society of Automotive Engineers, Warrendale, PA, USA, 1981.

[86] 赵虎, 康永林, 江海涛, 等. 终轧温度对超低碳 BH 钢板组织和性能的影响[J]. 汽车工艺与材料, 2006(11): 6 ~ 8.

[87] 关小军. 终轧温度对 Ti + Nb 高强度 IF 钢组织与性能的影响[J]. 特殊钢, 2000, 6 (21): 8 ~ 10.

[88] Van Snick A, Vanderschuren D, Vandeputte S, et al. Influence of Carbon Content and Coiling Temperature on Hot and Cold Rolled Properties of Bake Hardenable Nb-ULC Steels[A]. Proceeding of 39th Mechincal Working and Steel Processing Confenrence[C]. ISS, 1998: 225 ~ 232.

[89] Storozheva L M, Escher K, Bode R, et al. Effect of Niobium and Coiling and Annealing Temperatures on the Microstructure, Mechanical Properties, and Bake Hardening of Ultralow-

Carbon Steels for the Automotive Industry[J]. Metal Scinence and Heat Treatment, 2002, 44: 102~107.

[90] Lips K, Yang X, Mols K. The effect of cooling temperature and continuous annealing on the property of bake hardenable IF steels[J]. Seel Res. 1996, 67(9): 357~363.

[91] Baker L J, Daniel S R, Parker J D. Metallurgy and processing of ultralow carbon bake hardening steels[J]. Materials Science and Technology, 2002, 18(4): 355~368.

[92] Leslie W C, Rauch G C. Martensite tempering behaviour relevant to the quenching and partitioning process[J]. *Metall. Trans. A*, 1978, 9A: 343~349.

[93] Van Snick A, Vanderschuren D, Vandeputte S, et al. Influence of carbon content and coiling temperature on hot and cold rolled properties of bake hardenable Nb-ULC steels[A]. Mechanical Working and Steel Processing Conference Proceedings[C], 1997: 225~232.

[94] Tokunaga Y, Yamada M. Method for the production of cold rolled steel sheet having super deep drawability. US Patent 4, 504, 326, 1985.

[95] Pradhan R. Metallurgical aspects of batch-annealed bake-hardening steels[A]. Metallurgical of Vacuum-Degassed Steel Products[C]. TMS, 1990: 309~325.

[96] Hoggan E, Mu Sung G. Cold rolled batch annealed bake hardening steel for the Automotive Industry[A]. 39th MWSP CONF. PROC[C]. ISS, 1998, XXXV: 17~29.

[97] Foley R P, Fine M E, Bhat S K. Bake hardening steels: toward improve formability and strength[A]. 39th NWSP Conf. Proc [C], 1998, XX XV: 653~666.

[98] Sakata K, Satoh S, Kato T, et al. Metallurgical principles and applications for producing extra-low carbon IF steels with deep drawability and bake hardenability[A]. Physical Metallurgy of IF Steels[C], 1994: 279~288.

[99] Speer J G, Hashimoto S, Matlock D K. 微合金化烘烤硬化钢[A]. International Symposium on Niobium Microalloyed Sheety Steels For Automotive Applications [C], 2006.

[100] Lee C S, Zuidema B K. High strength steels for the automotive industry[M]. Warrendale, PA: ISS, 1994: 103~110.

[101] Low J R, Gensamer M. Aging and the yield point in steel[J]. *Trans. AIME*, 1944, 158: 207~249.

[102] Bleck W, Bode R, Müschenborn W. SAE Technical Paper 930025, Society of Automotive Engineers[C]. Warrendale, PA, USA, 1993.

[103] 程国平, 王利. 平整对罩式退火生产 BH 钢板力学性能和自然时效性能的影响[J]. 钢铁, 2003: 38(9): 43~45.

[104] Tanioku T, Hobah Y, Okamoto A, et al. SAE Technical paper 910293, Society of Automotive Engineers[C]. Warrendale, PA, USA, 1991.

[105] Kojima N, Mizui N, Tanioku T. *Sumitomo Search*, 1993, 45(5): 12~19.

[106] Sunoyama, Sakata K, Obara T, et al. Hot and cold rolled sheet steels [C]. Warrendale, PA, TMS. 1998: 155~164.

[107] Kawasaki K, Senuma T, Sanagi S. Processing, microstructure and properties of microalloyed and other[A]. Modern HSLA steels[C], 1991: 137~144.

[108] GB/T 20564.1—2007. 汽车用高强度热连轧钢板及钢带-烘烤硬化钢，附录 B 烘烤硬化值（BH 值）的测量方法[S].

[109] GB 5056—1985. 钢的临界点测定方法-膨胀法[S].

[110] 鲁茨·迈耶. 带钢轧制过程中材料性能的优化[M]. 北京：冶金工业出版社，1996.

[111] 崔岩，王瑞珍，雍岐龙，等. 固溶 C 对 Nb-Ti 微合金化 ULC-BH 钢板烘烤硬化性能的影响[J]. 特殊钢，2009，30(3)：13.

[112] 雍岐龙. 钢铁材料中的第二相[M]. 北京：冶金工业出版社，2006.

[113] Geise J, Herzig C. Lattice and grain boundary diffusion of Nb in iron[J]. Z Metalkunde, 1985, 76: 622~626.

[114] Hulka K, Gray J M, Heisterkamp F. Niobium technical report NBTR 16/90[R]. 1990: B9~43.

[115] Chipman J. Thermodynamics and phase diagram of the Fe-C System[J]. Metall Trans, 1972, 3: 55~64.

[116] Christine Escher, Volker Brandenburg. Bake hardening and ageing properties of hot-dip galvanized ULC steel grades[A]. International Symposium on Niobium Microalloyed Sheety Steels For Automotive Applications[C], 2006.

[117] 崔岩，胡吟萍，王瑞珍，等. 平整和自然时效对超低碳烘烤硬化钢板性能的影响[J]. 特殊钢，2010，31(4)：49~52.

[118] Storojeva L, Escher C, Bode R, et al. Stabilization and processing concept for the production of ULC steel sheet with bake hardenablility[A]. IF steels 2003 Proceeding[C], 2003: 294~297.

[119] Storojeva L, Escher C, Bode R, et al. Effect of Nb/C ratio and processing conditions on aging behavior and BH effect of ULC sheet steels[A]. IF steels 2000 Proceeding[C], 2000: 201~213.

[120] Grabke H J. Surface and grain boundary segregation on and in iron[J]. Steel Research, 1996, 57: 178~185.

[121] Senuma T. Physical metallurgy of modern high strength steel sheets[J]. ISIJ International, 2001, 41(6): 520~532.

[122] Ohsawa K, Kinoshita M, Nishimoto A. Development of high-strength steel studies[J]. ISIJ, 1989: 44.

[123] Yamazaki Y, Imanaka M, Morita M. Japanese unexamined patent publication. No. He7-300623.

[124] 崔岩，王瑞珍，胡吟萍，等. Nb-Ti 处理超低碳烘烤硬化钢的析出行为[J]. 金属热处理，2010，35(6)：28~32.

[125] McLean D. Grain boundaries in metals[M]. London: Oxford Univ Press, 1957.

[126] Grabke H J. Surface and grain boundary segregation on and in iron [J]. Steel research, 1986, 57(4): 178~185.

[127] 徐庭栋. 非平衡偏聚动力学和晶间脆性断裂 [M]. 北京: 科学出版社, 2006.

[128] 崔岩, 王瑞珍, 雍岐龙. 超低碳烘烤硬化钢板晶粒尺寸的变化规律 [J]. 金属热处理, 2011, 36(1): 37~41.

[129] Cahn J W. The Theory of Transformation in Metals and Alloys [M]. London: Pergamon Press, 1975.

[130] Toshiaki Urabe, Yoshihiko Ono, Takeshi Fujita, et al. Development of IF high-strength steel with fine grain structure for exposure panel [A]. International Body Engineering Conference and Exposition [C]. Tokyo, Japan, 2003.

[131] 关小军, 周家娟, 朱学刚. 终轧温度对 Ti + Nb 处理的高强 IF 钢板织构的影响 [J]. 钢铁研究, 2001, 118: 16~19.

[132] 赵虎, 康永林, 江海涛, 等. 终轧温度对超低碳 BH 钢板组织和性能的影响 [J]. 汽车工艺与材料, 2006: 6~8.

冶金工业出版社部分图书推荐

书　　名	定价(元)
冶金传输原理	29.50
金属材料学(第 2 版)	52.00
金属材料工程概论(本科教材)	26.00
材料成形工艺学(本科教材)	69.00
金属材料及热处理(高职高专)	26.00
轧钢工艺学	58.00
钢管连轧理论	35.00
型钢生产知识问答	29.00
热轧钢管生产知识问答	25.00
高精度板带材轧制理论与实践	70.00
板带轧制工艺学	79.00
金属轧制过程人工智能优化	36.00
金属挤压理论与技术	25.00
板带铸轧理论与技术	28.00
高精度轧制技术	40.00
小型连轧及近终形连铸 500 问	18.00
连铸连轧理论与实践	32.00
连铸坯热送热装技术	20.00
板带连续轧制	28.00
轧钢机械(第 3 版)	49.00
连铸设备的热行为及力学行为	68.00
国外冷轧硅钢生产技术	79.00